Mechanische Triebwerke und Bremsen

Von

Dr. St. Löffler

Mit 108 Abbildungen

München und Berlin
Druck und Verlag von R. Oldenbourg
1912

Vorwort.

Über die Widerstände, die bei der Bewegung eines Körpers relativ zu einem zweiten Körper, oder bei der Kraftübertragung von einem Körper auf einen zweiten zu überwinden sind, bestehen vielfach unklare Ansichten.

Reibungswiderstand und Rollwiderstand sind bekannte Begriffe, und man hat auch Formeln zu ihrer Berechnung aufgestellt. Bestimmtes über das Wesen und die Ursache dieser Widerstände im Zusammenhange mit der Bewegung der Körper und den wirkenden Kräften weiß man aber noch nicht. Unsichere Anschauungen herrschen namentlich über den Einfluß, den die elastische Beschaffenheit der beiden Körper an der Berührungsstelle auf die entstehenden Widerstände ausübt.

Die Folgen sind nicht nur unrichtige Bezeichnungen, wie z. B. »Reibung der Ruhe«, »Rollkoeffizient«, sondern auch eine große Unsicherheit in der Feststellung der Kraftverhältnisse von mechanischen Triebwerken und Bremsen. So werden vielfach bei Triebwerken Reibungswiderstände angenommen, obwohl keine Relativbewegung zwischen den an der Kraftübertragung teilnehmenden Körpern vorhanden ist. Solange aber über die Größe und Richtung der Widerstandskräfte, sowie über ihre Lage und Verteilung an der Berührungsstelle zweier Körper keine Klarheit gewonnen ist, können Berechnungen und Versuche nicht zu richtigen Ergebnissen führen.

Es liegt der Gedanke nahe, alle Widerstände als Formänderungswiderstände aufzufassen, wobei aber zwischen Reibungs- und Rollwiderständen streng zu unterscheiden ist. Auf diese Weise gelingt es, die Kraftverhältnisse und Wirkungsgrade selbst solcher Triebwerke, die einer rechnerischen Behandlung wenig zugänglich sind, wie z. B. der Riemen- und Zahntriebe, in verhältnismäßig einfacher Weise zu bestimmen.

Im nachfolgenden sind auf dieser Grundlage die Kraftverhältnisse einiger für die Praxis besonders wichtiger mechanischer Triebwerke und Bremsen untersucht. Die Ergebnisse werden sowohl durch die üblichen praktischen Ausführungen, als auch durch Versuche bestätigt.

Herrn Geh. Prof. Dr. Riedler bin ich für die außerordentliche Förderung, die er meinen Studien angedeihen ließ, zu besonderem Dank verpflichtet.

Charlottenburg, im Juni 1912.

Dr. Löffler.

Inhaltsverzeichnis.

III. Riementriebe.

IV. Seiltriebe.

V. Zahntriebe.

Allgemeines über Widerstände.

Es sei der einfache Fall behandelt, daß zwei prismatische oder zylindrische Körper *1* und *2* (Abb. 1) an der Stelle der Achse *B* derartig zusammenhängen, daß Bewegung und Kraft vom Körper *1* auf den Körper *2* oder umgekehrt übertragen werden kann.

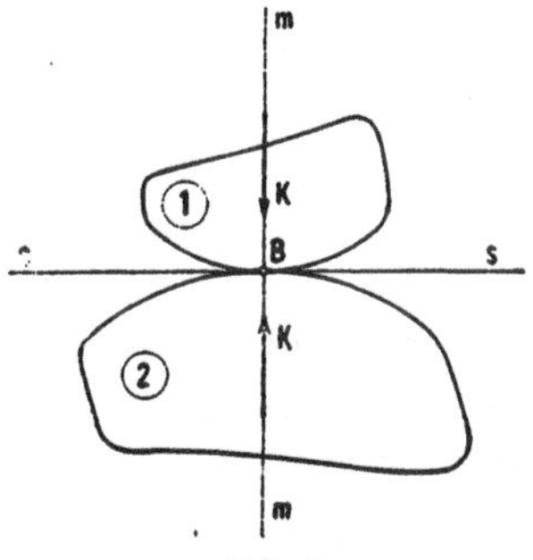

Abb. 1.

Zunächst sei angenommen, daß die Bewegungsrichtung der beiden Körper an der Berührungsstelle *B* mit der Richtung der gemeinsamen Tangente $\overline{s\,s}$ zusammenfalle. In der Normalen $\overline{m\,m}$ zu dieser Tangente wirke der Normaldruck *K*, durch den beide Körper in *B* aneinander gepreßt werden.

Es sind dann zwei voneinander grundsätzlich verschiedene Bewegungsarten möglich.

I. Gleiten.

Die Geschwindigkeiten beider Körper an der Berührungsstelle *B* sind voneinander verschieden, so daß beide Körper sich mit einer Relativgeschwindigkeit gegeneinander bewegen. Die Bewegungsrichtung der beiden Körper muß in dem Falle, daß nur einer der Körper angetrieben wird, die gleiche sein, während sie bei besonderem Antriebe jedes Körpers verschieden sein kann.

Bei dem für die Praxis wichtigsten Sonderfall wird nur der eine Körper angetrieben, der andere Körper festgehalten. Die Relativgeschwindigkeit, mit der sich beide Körper gegeneinander bewegen, ist dann gleich der Eigengeschwindigkeit v_1 des angetriebenen Körpers *1* (Abb. 2).

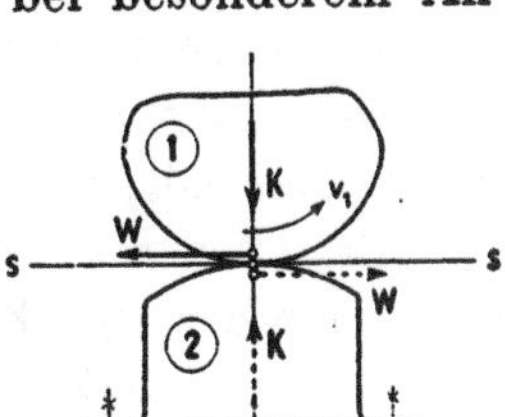

Abb. 2.

An der Berührungsstelle B entsteht in Richtung der gemeinsamen Tangente $\overline{ss}$ eine Kraft W, die für den getriebenen Körper *1* entgegen der Bewegungsrichtung als Widerstand, für den festen Körper *2* in Richtung von v_1 als mitnehmende Kraft wirkt, welche die Befestigung des Körpers *2* entsprechend beansprucht.

Alle bisher ausgeführten Versuche haben für trockne oder wenig geschmierte Oberflächen beider Körper an der Berührungsstelle ergeben, daß die »Reibungskraft W« mit dem Normaldruck K proportional wächst.

$$W = \mu K \quad \ldots\ldots\ldots \quad (1)$$

Der als »Reibungskoeffizient« bezeichnete Zahlenfaktor μ ist nicht nur vom Material, sondern auch von der besonderen Beschaffenheit der Berührungsflächen (Bearbeitung, Schmierzustand) beider Körper, vom spezifischen Auflagedruck an der Berührungsstelle bzw. von der Größe der Berührungsfläche selbst, sowie von der Relativgeschwindigkeit abhängig, mit der sich beide Körper gegeneinander bewegen.

Bei Behandlung des Riementriebes (S. 103ff.) werden weitere Angaben gemacht und verschiedene Reibungszustände näher erläutert werden.

Wäre der Körper *2* in Abb. 2 nicht befestigt, so könnte er durch die Reibungskraft W in Richtung von v_1 verschoben werden, wenn der Widerstand an der Auflagefläche dieses Körpers kleiner ist als W. Der Körper *2* bewegt sich dann mit einer Eigengeschwindigkeit v_2, die kleiner als v_1 ist, und die Relativgeschwindigkeit, mit der sich beide Körper gegeneinander bewegen, ist $v = v_1 - v_2$. Ist der Widerstand, den der Körper *2* seiner Verschiebung entgegensetzt, veränderlich, dann wird auch die Relativgeschwindigkeit v sich stets ändern, wodurch unter Umständen auch verschiedene Reibungszustände und Reibungskräfte entstehen. Der Körper *2* bewegt sich dann nicht gleichförmig, sondern schlüpfend. Eine derartige Schlupfbewegung kann besonders in jenen Fällen eintreten, bei denen neben dem Gleiten noch ein Abwälzen beider Körper erfolgt. (Vgl. hierzu S. 7ff.) Ein Abwälzen beider Körper ist aber nur möglich, wenn mindestens einer der beiden Körper von krummen Flächen begrenzt ist.

Bei ebenen Berührungsflächen beider Körper wird in der Regel, wenn nur der eine Körper angetrieben wird, der zweite entweder mit der Geschwindigkeit des ersten Körpers mitgenommen, wobei stets die gleichen Punkte beider Körper einander berühren, oder der angetriebene Körper gleitet mit seiner vollen Eigengeschwindigkeit an dem anderen, stillstehenden Körper vorbei, der ihm die Reibungskraft W als Widerstand entgegensetzt. Werden beide Körper angetrieben, dann ist jede beliebige Bewegungsrichtung und Relativgeschwindigkeit möglich.

Berühren sich zwei Körper in einer größeren krummen Fläche, dann muß zur Bestimmung des Reibungswiderstandes W das Gesetz der Verteilung der elementaren Auflagekräfte dK längs der Berührungsfläche bekannt sein (Abb. 3).

Die Art der Verteilung hängt namentlich von der elastischen Beschaffenheit beider Körper, von dem Zustand der Berührungsflächen (Form, Bearbeitung, Schmierung), von der Lage und Größe des Anpressungsdruckes K und von der Geschwindigkeit v ab. In praktischen Anwendungsfällen hat man es in der Regel mit kreiszylindrischen Berührungsflächen zu tun.

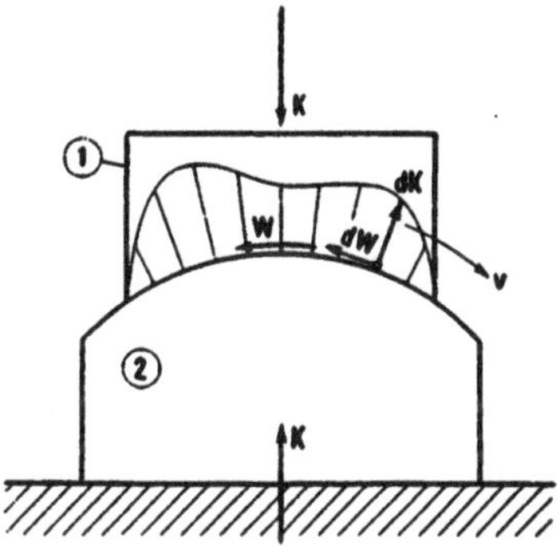

Abb. 3.

Der gesamte Reibungswiderstand ist:

$$W = \int dW = \int \mu\, dK, \quad \ldots \ldots \quad (2)$$

wobei die Integration über die ganze Berührungsfläche auszudehnen ist.

Nur bei ebenen Berührungsflächen ergeben alle elementaren Reibungskräfte dW eine einzelne resultierende Reibungskraft W, die unter der Voraussetzung eines konstanten Reibungskoeffizienten μ an allen Stellen der Berührungsfläche

$$W = \mu \int dK \quad \ldots \ldots \quad (3)$$

ist, wobei die zueinander parallelen Auflagekräfte dK die Resultierende

$$\int dK = K \quad \ldots \ldots \quad (4)$$

ergeben.

Bei krummen Berührungsflächen läßt sich die Wirkung aller elementaren Reibungskräfte dW nicht durch eine einzelne resultierende Reibungskraft W ersetzen. (Vgl. Backenbremsen S. 26 ff.)

2. Wälzen.

Die Geschwindigkeit und die Bewegungsrichtung beider Körper an der Berührungsstelle ist die gleiche, und es kommen bei fortschreitender Bewegung beider Körper stets neue Punkte oder Linien beider Körper miteinander in Berührung.

Es muß aber mindestens einer der Körper von krummen Flächen begrenzt sein, damit er sich an dem zweiten ohne Gleiten abwälzen kann.

Tangential gerichtetes Wälzen.

Zunächst werde der Sonderfall behandelt, daß beide Körper zylindrische Walzen von den Radien r und R sind (Abb. 4). Ein Abwälzen der beiden Walzen ohne Gleiten ist in verschiedener Weise möglich:

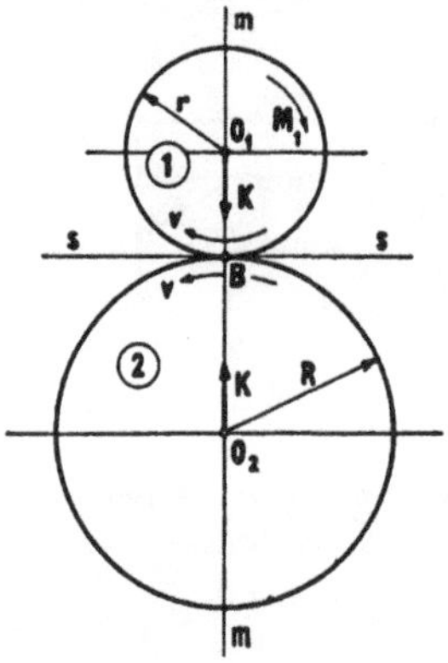

Abb. 4.

a) Die Walzen *1* und *2* vermögen nur eine Drehung um ihre Achsen O_1 und O_2 auszuführen. Die Walze *1* werde durch ein Drehmoment M_1 mit der Geschwindigkeit v gedreht. Soll die Walze *2* ohne Gleiten mitgenommen werden, dann muß sie sich an der Berührungsachse B mit der gleichen Geschwindigkeit v in derselben Richtung wie Walze *1* bewegen, somit entgegengesetzt drehen wie diese Walze.

Man kann sich vorstellen, daß die Kraftübertragung und das Mitnehmen der Walze *2* durch mikroskopisch kleine Zähne erfolge, die durch den Normaldruck K zum Eingriff gebracht werden (Abb. 5).

Durch das Moment M_1 wird eine Z a h n k r a f t Z hervorgerufen, die an der Walze *2* als mitnehmende Kraft zur Überwindung eines Nutzmomentes M_2, an der Walze *1* als Widerstandskraft wirkt. Würde die Walze *2* ihrer Bewegung keinen Widerstand entgegensetzen, so wäre das aufzuwendende Moment M_1 und die Zahnkraft $Z = 0$.

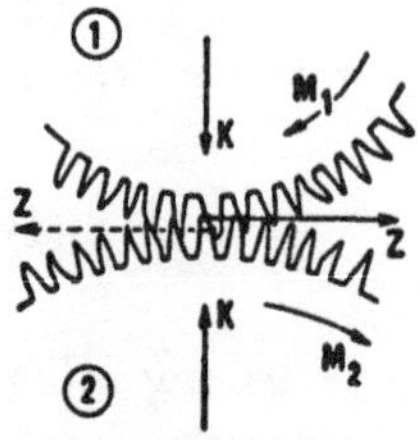

Abb. 5.

In Wirklichkeit muß aber, selbst wenn kein Nutzmoment M_2 an der Walze *2* wirkt, doch stets ein Widerstand überwunden werden, weil durch den Normaldruck K F o r m ä n d e r u n g e n des Materiales beider Walzen an der Berührungsstelle B hervorgerufen werden und daher bei fortschreitender Drehung immer von neuem F o r m ä n d e r u n g s a r b e i t zu leisten ist.

Durch die Formänderung geht auch die Linienberührung in B in eine Flächenberührung über. Da kein Gleiten stattfindet, so kann das Moment des Formänderungswiderstandes nicht durch eine an der

Berührungsstelle B in Richtung der gemeinsamen Tangente $\overline{ss}$ wirkende Reibungskraft, sondern nur durch eine dazu senkrecht gerichtete Kraft D ausgeübt werden, die für jede Walze ein dem treibenden Momente entgegenwirkendes *Formänderungsmoment* ergibt. Dieses Moment muß für jede Walze gleich groß sein, weil die an der Berührungsfläche entstehenden Formänderungen jede Walze in gleich starker Weise an der Bewegung hindern.

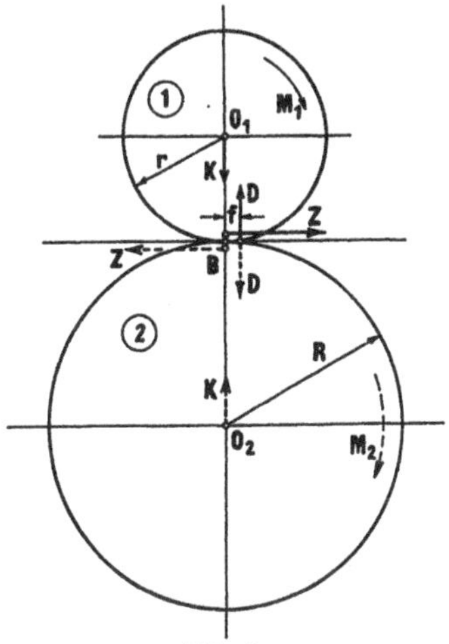

Abb. 6.

Nach Abb. 6 muß daher die Formänderungskraft D an der Walze O_1 rechts von B in einem Abstande f, der *Wälzarm* genannt sei, derartig gerichtet wirken, daß sie ein dem aufgewendeten Momente M_1 entgegenwirkendes Drehmoment $D\,f$ ergibt, und an der Walze O_2 ebenfalls rechts von B im gleichen Abstande f nach unten gerichtet sein, so daß ein dem Momente der treibenden Zahnkraft Z entgegendrehendes Moment $D\,f$ entsteht. Da zur Herstellung des Gleichgewichtes der äußeren Kräfte an jeder Walze sich auch die vertikalen Kräfte im Gleichgewichte befinden müssen, so muß die Formänderungskraft D dem zugehörigen Normaldruck K gleich und entgegengesetzt gerichtet sein. Ihre Lage zur gemeinsamen Berührungsachse B ergibt sich aus der Bedingung, daß für jede Walze ein dem Momente der treibenden Kraft entgegenwirkendes Formänderungsmoment $D\,f = K\,f$ entstehen muß.

Würden daher die beiden Walzen statt in äußerer in innerer Berührung durch die Normalkräfte K aneinander gepreßt werden (Abb. 7), so müßte die Formänderungskraft K an der Walze *1* rechts von B nach innen gerichtet sein, während die gleiche Kraft an der Walze *2* links von B nach außen gerichtet ist, da an dieser Walze die gestrichelt gezeichnete Zahnkraft Z als treibende Kraft wirkt.

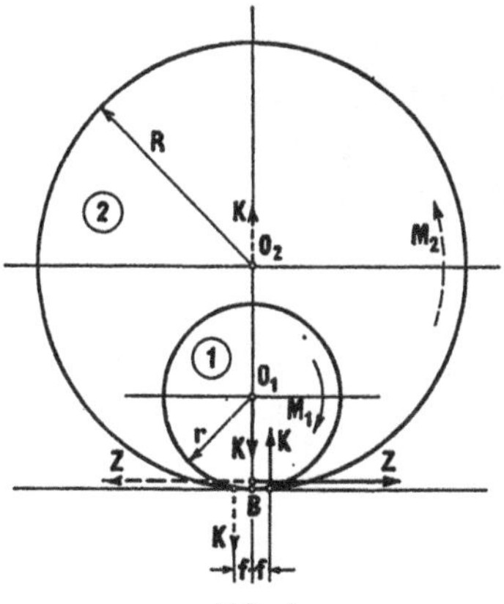

Abb. 7.

b) Walze *1* kann außer einer Drehung um ihre Achse O_1 eine fort-

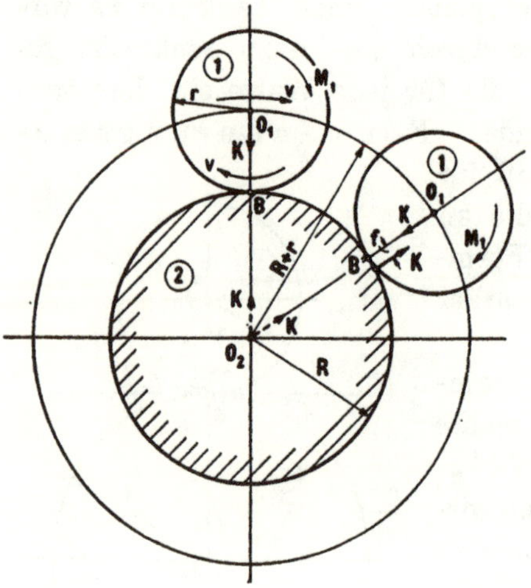

Abb. 8.

schreitende Bewegung ausführen, während Walze *2* unbeweglich bleibt (Abb. 8). Soll die Walze *1* sich ohne Gleiten an der Walze *2* abwälzen, so muß sie außer der Drehung um O_1 mit der Geschwindigkeit v einen Kreis vom Radius $R + r$ um die Drehachse O_2 der Walze *2* beschreiben.

Die Relativgeschwindigkeit, mit der die Umfangspunkte der Walze *1* an den Umfangspunkten der Walze *2* vorbeigleiten ist Null, und es findet reines Abwälzen statt.

Da während des Wälzens die Walze *1* stets mit der Normalkraft K gegen die Walze *2* gedrückt wird, muß bei der Bewegung der Walze *1* in jedem Augenblicke ein Formänderungsmoment $K f$ überwunden werden.

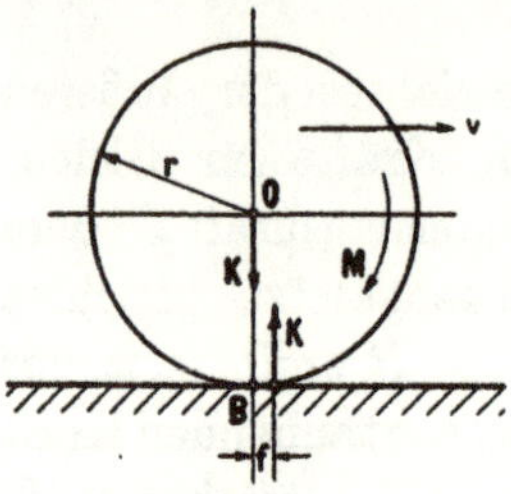

Abb. 9.

Ein Sonderfall dieses Beispieles ist das Abwälzen einer Walze auf einer ebenen, festen Bahn (Abb. 9). Soll das Wälzen ohne Gleiten erfolgen, dann ist hier ebenfalls in jedem Augenblicke ein Formänderungsmoment $K f$ zu überwinden.

Der Fall des Abwälzens zweier Walzen ohne Gleiten geht sofort in den vorher behandelten Bewegungsfall mit Gleiten über, wenn die mikroskopisch kleinen Oberflächenzähne, die als Vermittler der Kraftübertragung angenommen wurden, in einem bestimmten Augenblicke der Bewegung durch die wirkende Zahnkraft Z soweit abgebogen werden, daß die Zähne der Walze *1* über die Zähne der Walze *2* hinweg gleiten. Dann entsteht an der Berührungsstelle die Reibungskraft W (Abb. 10).

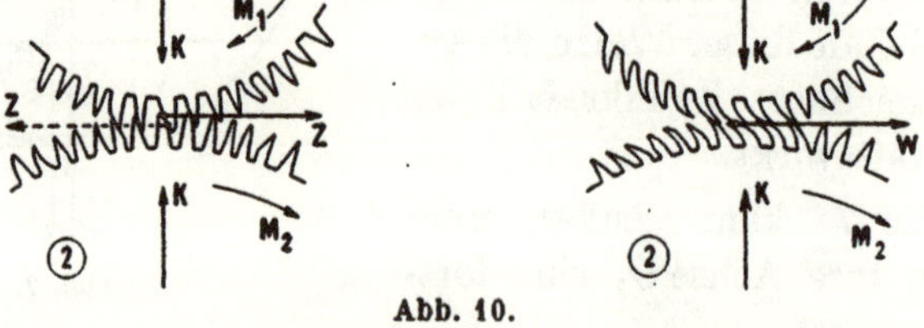

Abb. 10.

Im nächsten Augenblicke können aber wieder festere Zähne ineinander greifen, so daß wieder reines Abwälzen ohne Gleiten erfolgt und Formänderungsmomente $K\,f$ zu überwinden sind.

Es ist somit eine Bewegungs- und Kraftübertragung mit abwechselndem Abwälzen und Gleiten denkbar, bei der aber die Walze *2* nicht mit der vollen Geschwindigkeit der Walze *1*, sondern mit einer durchschnittlich kleineren Geschwindigkeit mitgenommen wird. Die Walze *2* dreht sich dann gegenüber der Walze *1* mit einem bestimmten Schlupf.

Bei tangential gerichteter Kraftübertragung kann Abwälzen und Gleiten nicht gleichzeitig erfolgen. In praktischen Fällen folgen aber die Gleit- und Wälzimpulse manchmal derartig rasch aufeinander, daß es den Anschein hat, als ob Gleiten und Wälzen gleichzeitig nebeneinander wirkt. Eine kombinierte Gleit- und Wälzbewegung, bei der beides gleichzeitig geschieht, ist nur bei normal gerichteter Bewegungsübertragung möglich, die bei verschiedenen Steuerungen mit Wälzhebeln und besonders bei Zahntrieben praktisch angewendet wird.

Normal gerichtetes Wälzen.

Bei der bisher behandelten Art des Wälzens (Abb. 11) waren stets zwei Körper vorausgesetzt, die sich beim Abwälzen um Achsen O_1 und O_2 drehen, welche mit der Berührungsachse B in einer Ebene liegen, die senkrecht zur gemeinsamen Tangentialebene $\overline{s\,s}$ steht. Während des Abwälzens ändert sich weder die Lage der Übertragungsstelle B noch die Richtung und Lage des Normaldruckes K. Beide Körper (Walzen) bewegen sich an der Berührungsstelle B in Richtung der gemeinsamen Tangente $\overline{s\,s}$ mit der Geschwindigkeit v. Das Mitnehmen der Walze O_2 kann nur durch eine Zahnkraft Z erfolgen, die in B in Richtung von $\overline{s\,s}$ wirkt.

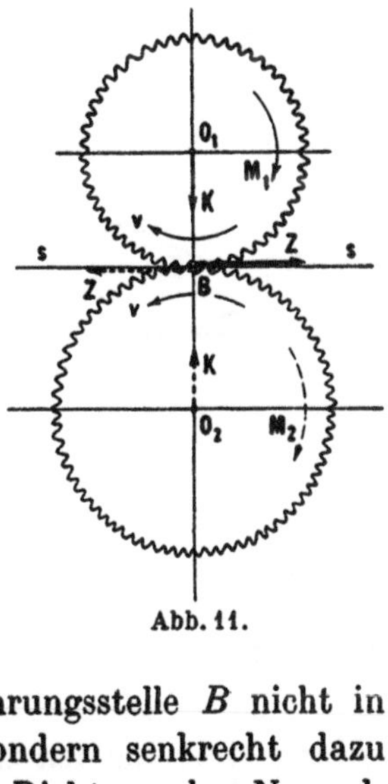

Abb. 11.

Es können sich aber auch zwei Körper, die gleichzeitig Drehungen um Achsen O_1 und O_2 ausführen (Abb. 12), ohne Gleiten aufeinander abwälzen, wobei die Bewegung an der Berührungsstelle B nicht in Richtung der gemeinsamen Tangente $\overline{s\,s}$, sondern senkrecht dazu in Richtung der Normalen $\overline{m\,m}$ in B, also in Richtung der Normaldrücke K erfolgt. In diesem Falle muß die Normalkraft K mit der Übertragungsstelle B ihre Lage stetig ändern (B, B_1 usw.).

Eine tangential gerichtete Zahnkraft Z kommt nicht zur Wirkung, weil die Bewegung in jedem Augenblicke in Richtung des Normaldruckes K vor sich geht.

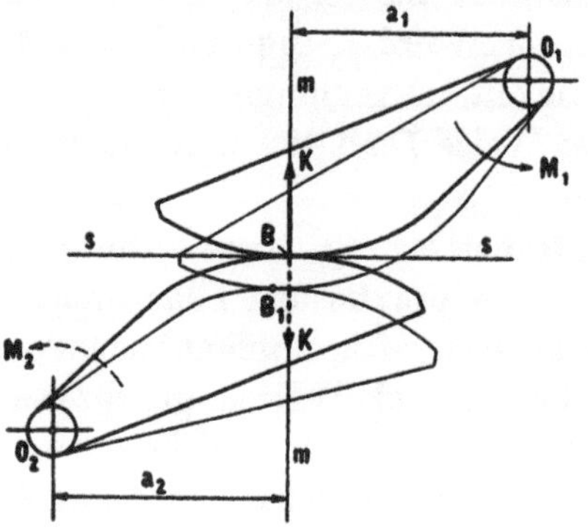

Abb. 12.

In den meisten Fällen der praktischen Anwendung (Wälzhebelsteuerungen, Zahntriebe) findet neben normal gerichtetem Abwälzen noch Gleiten in Richtung der gemeinsamen Tangente $\overline{ss}$ statt.

Während aber bei tangential gerichtetem Abwälzen Gleiten und Wälzen nicht gleichzeitig erfolgen können, ist dies bei normal gerichtetem Abwälzen sehr wohl möglich, da in diesem Falle die übertragene Kraft, der Normaldruck K, senkrecht zur Tangente $\overline{ss}$ wirkt und keine Zahnkraft in Frage kommt.

Auch beim normal gerichteten Abwälzen ist aus den gleichen Gründen, wie beim tangentialen Abwälzen, ein Formänderungsmoment Kf zu überwinden, das auf jeden Körper entgegen dem Momente der treibenden Kraft an der Übertragungsstelle wirkt.

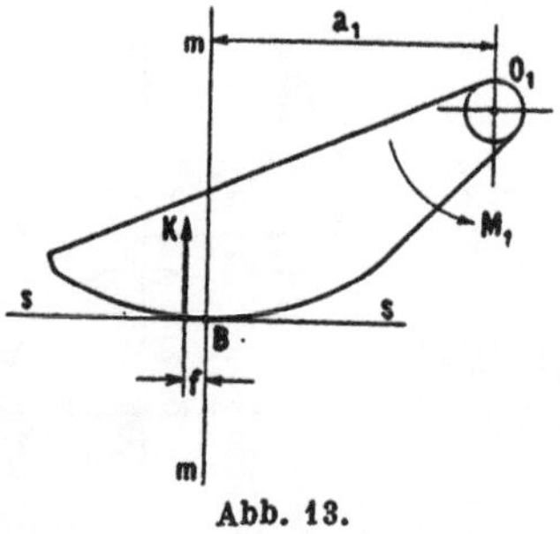

Abb. 13.

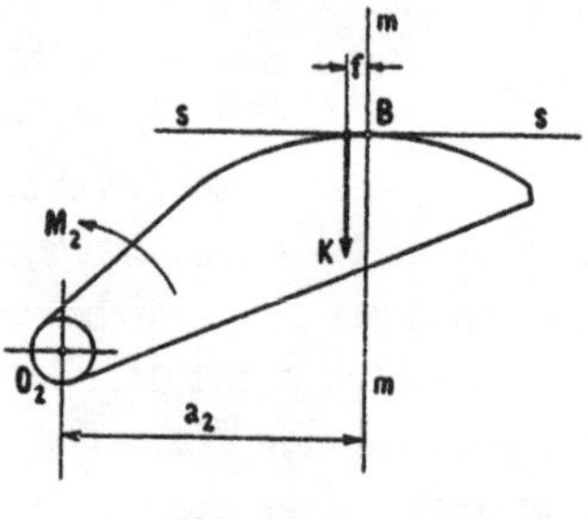

Abb. 14.

Wie aus Abb. 12 hervorgeht, dreht der Normaldruck K am treibenden Körper O_1 als Widerstand entgegen dem aufgewendeten Momente M_1, am getriebenen Körper O_2 als treibende Kraft entgegen dem Nutzmomente M_2. Ohne Berücksichtigung der Formänderungsverluste wäre für den treibenden Körper O_1:

$$K a_1 = M_1 \quad \ldots \ldots \ldots \quad (5)$$

für den getriebenen Körper O_2:

$$K a_2 = M_2 \quad \ldots \ldots \ldots \ldots \quad (6)$$

Durch die Formänderungswiderstände an der Übertragungsstelle B kommen noch Formänderungsmomente $K f$ zur Wirkung.

Für den treibenden Körper ist daher (Abb. 13):

$$K a_1 + K f = M_1 \quad \ldots \quad (7)$$

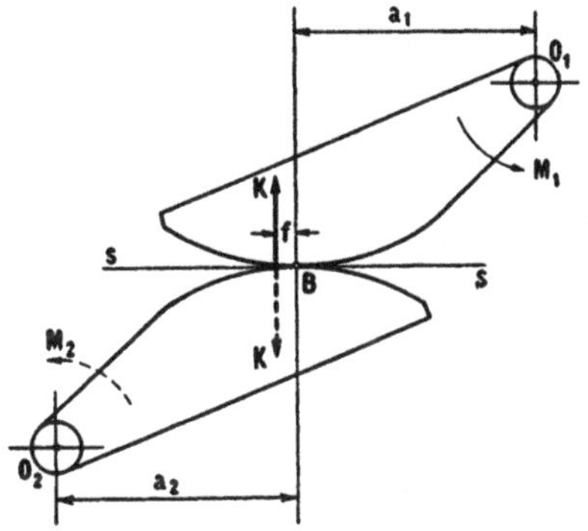

Abb. 15.

Die Kraft K erfährt somit am treibenden Körper eine Verschiebung um den Wälzarm f von der Drehachse weg, so daß sie nicht mehr in einem Abstande a_1, sondern in einem Abstande $a_1 + f$ von der Drehachse O_1 wirkt.

Für den getriebenen Körper (Abb. 14) ist:

$$K a_2 - K f = M_2 \quad \ldots \quad (8)$$

Es wirkt mithin am getriebenen Körper die Normalkraft K nicht mehr im Abstande a_2, sondern nur im Abstande $a_2 - f$ von der Drehachse O_2.

Allgemein gilt deshalb:

Bei reinem normal gerichteten Abwälzen werden die an der Übertragungsstelle B (Abb. 15) wirkenden Normaldrücke K derart um einen kleinen Betrag f (Wälzarm) parallel zu ihrer ursprünglichen Richtung verschoben, daß für jeden Körper das widerstehende Moment um das Formänderungsmoment $K f$ vergrößert wird.

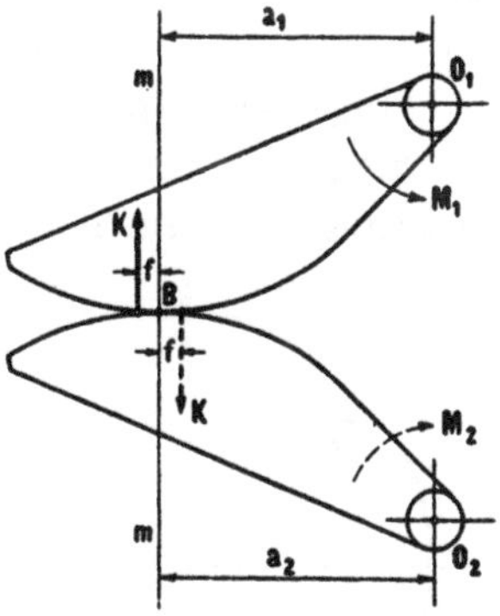

Abb. 16.

Liegen somit die Drehachsen O_1 und O_2 auf derselben Seite der gemeinsamen Berührungsnormalen $\overline{m\,m}$ (Abb. 16), dann muß der Normaldruck K für den treibenden Körper O_1 links von B, für den getriebenen Körper rechts von B, im Abstande f von B wirken, so daß der Hebelarm des Normaldruckes K beim treibenden Körper um den Wälzarm f auf $a_1 + f$ vergrößert, beim getriebenen Körper auf $a_2 - f$ verkleinert wird. Wenn die Körper bei normal gerichtetem Abwälzen noch aneinander in tangentialer Richtung vorbeigleiten, dann entsteht an der Übertragungsstelle B außerdem eine Reibungskraft, die für denjenigen Körper entgegen seiner Bewegungsrichtung als Widerstand wirkt, der die größere tangentiale Geschwindigkeit besitzt. (Siehe auch Zahntriebe S. 118ff.)

Größe des Formänderungsmomentes beim Wälzen.

Da die Formänderungskraft gleich dem an der Berührungsfläche wirkenden Normaldruck K ist, so hängt die Größe des Formänderungsmomentes vor allem vom Momentenhebelarm f (Wälzarm) ab. Dieser ist im Gegensatze zum Reibungskoeffizienten μ kein Zahlenfaktor, sondern eine Länge und kann bestimmt werden, wenn die beim Abwälzen zu überwindende Formänderungsarbeit bekannt ist.

Stellt man sich vor, daß die Bewegungs- und Kraftübertragung beim tangential gerichteten Wälzen durch kleine Oberflächenzähne bewirkt wird (Abb. 10), dann erkennt man, daß nicht nur durch den Normaldruck K, sondern auch durch die Zahnkraft Z Formänderungen an der Übertragungsstelle hervorgerufen werden. Solange die durch die Zahnkraft Z hervorgerufenen Formänderungen nicht so groß werden, daß die Zähne des einen Körpers über die Zähne des andern hinweggleiten, liegt reines Abwälzen ohne Gleiten vor.

Ist ξ_1 der durch die Normalkraft K bewirkte Formänderungsweg, ξ_2 der durch die Zahnkraft Z hervorgerufene, dann ist die gesamte Formänderungsarbeit:

$$A_v' = K\,\xi_1 + Z\,\xi_2 \quad \ldots\ldots\ldots\ldots \quad (9)$$

Von dieser Formänderungsarbeit ist aber nur ein Teil als Formänderungsmoment tatsächlich aufzuwenden, wie aus folgender Betrachtung hervorgeht:

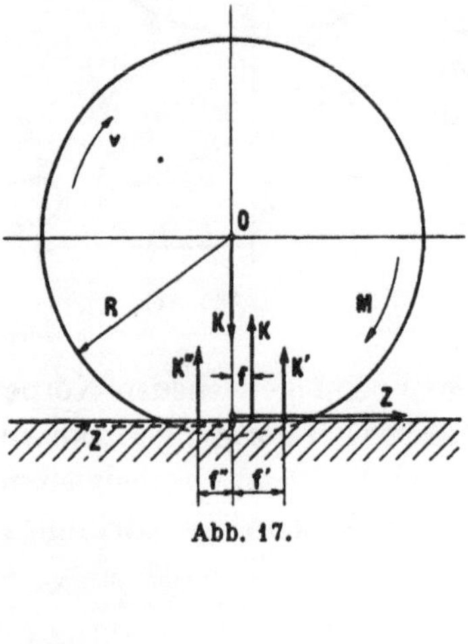

Abb. 17.

Wird z. B. eine Walze mit weicher Oberfläche an einer ebenen Bahn aus unnachgiebigem Material abgewälzt (Abb. 17), dann wird bei der angenommenen Richtung des Momentes M die Formänderung der Walzenoberfläche an der rechts von der Achse B gelegenen Seite (der »Auflaufseite«) beginnen, in B vollendet sein und an der von B links gelegenen Seite (der »Ablaufseite«) wieder allmählich bis Null abnehmen.

An der Auflaufseite entsteht bei der Formänderung eine resultierende Gegenkraft K', die ein dem treibenden Momente M entgegenwirkendes Widerstandsmoment $K'f'$ ergibt, in dem zugleich die durch die Zahnkraft Z hervorgerufene Formänderung mitberücksichtigt sein soll.

An der Ablaufseite entsteht bei der Abnahme der Formänderungen eine resultierende Gegenkraft K'', die ein im Sinne des Drehmomentes M wirkendes Kraftmoment $K''f''$ hervorruft.

Wäre das Walzenmaterial an der Berührungsfläche vollkommen elastisch, dann müßte $K''f'' = K'f'$ sein, und es würde keinerlei Formänderungsverlust entstehen. Da es aber vollkommen elastische Körper nicht gibt, so wird die Rückfederung des an der Auflaufseite deformierten Materiales verzögert. Der ursprüngliche Zustand der Oberfläche, wie er vor der Formänderung war, stellt sich erst wieder her, wenn die entsprechenden Oberflächenpunkte nicht mehr mit der ebenen Bahn in Berührung stehen. Die Wirkung der elastischen Gegenkräfte an der Ablaufseite ist daher nur eine unvollkommene, und das Moment $K''f''$ wird stets kleiner wie das Moment $K'f'$ sein.

Je schlechter die elastische Beschaffenheit des Walzenmateriales und je größer die Geschwindigkeit v ist, um so größer ist der Unterschied der beiden Momente:

$$K f = K'f' - K''f'' \quad \ldots\ldots\ldots \quad (10)$$

Von der an der Auflaufseite aufzuwendenden Formänderungsarbeit A_v' geht somit nur ein dem Formänderungsmoment $K f$ entsprechender Teil, etwa $A_v = \tau A_v'$ zur Überwindung der Formänderungswiderstände verloren. Der Faktor τ ist um so kleiner, je elastischer das Material der wälzenden Körper und je kleiner die Wälzgeschwindigkeit v ist.

Dieses Ergebnis gilt allgemein auch für den Fall, daß die Oberfläche b e i d e r Körper an der Übertragungsstelle deformierbar ist. Die hervorgerufenen Wirkungen sind die gleichen, wie in dem Falle, daß nur der eine Körper deformierbar, der zweite Körper aber unnachgiebig ist.

Der Formänderungsverlust nimmt aber auch mit der Größe der Formänderungswege ξ zu. Er wird daher bei weichen und plastischen Materialien größer sein als bei harten und festen. Mit Rücksicht auf den Formänderungsverlust ist es somit vorteilhaft, harte und feste, gleichzeitig auch sehr elastische Materialien zu verwenden.

Die für tangentiales Abwälzen erhaltenen Ergebnisse gelten sinngemäß auch für reines n o r m a l g e r i c h t e t e s A b w ä l z e n zweier Körper. Nur wird hierbei unter sonst gleichen Umständen (gleiche Materialien und gleicher Normaldruck K) der Formänderungsverlust kleiner sein als bei tangentialem Wälzen, weil keine Zahnkräfte wirken und daher keine tangentiale Formänderungsarbeit zu leisten ist. Diese kann bei tangential gerichtetem Wälzen ein Vielfaches der durch die Normaldrücke K hervorgerufenen Formänderungsarbeit sein.

Durch Versuche ist die zur Überwindung der Formänderungswiderstände aufzuwendende Leistung N_v stets bestimmbar.

Ist v die Wälzgeschwindigkeit an der Übertragungsstelle, dann ergibt

$$K_u = \frac{N_v}{v} \quad \ldots\ldots\ldots \quad (11)$$

die dem Formänderungsmomente $K f$ entsprechende, auf den Wälzumfang vom Radius r bezogene Umfangskraft, so daß die Beziehung besteht:

$$K f = K_u \, r \quad \ldots\ldots\ldots \quad (12)$$

Aus den Gl. 11 und 12 erhält man den Wälzarm

$$f = \frac{N_v \, r}{K \, v} \quad \ldots\ldots\ldots \quad (13)$$

Ändert man bei Versuchen nur eine der den Wälzarm f beeinflussenden Größen, dann kann bestimmt werden, in welchem Maße der Wälzarm von jeder der ihn beeinflußenden Größen abhängig ist.

3. Zusammenfassung.

Erfolgt Kraftübertragung von einem Körper auf einen zweiten, dann sind an der Übertragungsstelle Widerstände zu überwinden, die von der Formänderung der Oberflächen beider Körper herrühren.

Es sind zwei Hauptarten von Widerständen zu unterscheiden:

a) Haben beide Körper an der Übertragungsstelle (Berührungsstelle) eine Relativgeschwindigkeit gegeneinander, dann ist eine Reibungskraft W zu überwinden, die in der gemeinsamen Berührungsfläche senkrecht zum Normaldruck K wirkt, durch den beide Körper aneinander gepreßt werden. Werden beide Körper angetrieben, dann ist die Reibungskraft für jeden Körper entgegen der an der Übertragungsstelle wirkenden Triebkraft gerichtet.

Wird aber nur der eine Körper bewegt, so ist die Reibungskraft W für diesen ein Widerstand entgegen seiner Triebkraft gerichtet, für den festen Körper dagegen eine ihn und seine Befestigungsstelle beanspruchende Kraft, die an der Berührungsstelle in Richtung der Triebkraft des bewegten Körpers wirkt.

Die Größe der Reibungskraft W wächst bei trocknen oder wenig geschmierten Oberflächen beider Körper proportional dem Normaldruck K. Die Verhältniszahl μ (Reibungskoeffizient) ist von verschiedenen Faktoren: der Art der Materialien beider Körper (elastische Beschaffenheit), dem Zustande der Oberflächen an der Berührungsstelle (Bearbeitung, Schmierung), der Größe der Berührungsfläche, der Gleitgeschwindigkeit (Relativgeschwindigkeit) usw. abhängig. Nur bei ebener Berührungsfläche läßt sich die Wirkung aller elementaren Reibungskräfte dW durch eine resultierende Reibungskraft W ersetzen. Bei krummer Berührungsfläche ist die Verteilung der elementaren Reibungskräfte maßgebend, und hierauf muß bei praktischen Anwendungsfällen (Bremsen) besonders Rücksicht genommen werden.

b) Haben beide Körper an der Übertragungsstelle keine Relativgeschwindigkeit gegeneinander, sondern wälzen sie sich aneinander ohne Gleiten tangential ab, dann ist an der Übertragungsstelle ein Formänderungsmoment Kf zu überwinden, dessen Kraft für jeden Körper dem Normaldruck K gleich und entgegengesetzt gerichtet ist und dessen Hebelarm (Wälzarm f) von verschiedenen Faktoren: den Elastizitäts- und Festigkeitseigenschaften beider Körper an der Übertragungsstelle, der Größe des Normaldruckes K und der zu übertragenden Umfangskraft (Zahnkraft Z), der Wälzgeschwindigkeit v usw., abhängt.

Die Drehrichtung des Wälzmomentes Kf ergibt sich aus der Bedingung, daß es für jeden Körper entgegen dem Momente der an der Übertragungsstelle angreifenden Triebkraft wirken muß.

Wälzen sich beide Körper an der Übertragungsstelle derart ab, daß sie sich in jedem Augenblicke in Richtung des Normaldruckes K bewegen (normal gerichtetes Abwälzen), dann ist an der Übertragungsstelle für jeden Körper ebenfalls ein dem Momente der treibenden Kraft entgegenwirkendes Formänderungsmoment Kf zu überwinden, das aber unter sonst gleichen Umständen (gleiche Materialien, gleicher Normaldruck usw.) kleiner ist als bei tangentialem Wälzen, weil keine tangentiale Formänderungsarbeit zu leisten ist.

Wegen des Gleichgewichtes der wirkenden Kräfte verschiebt sich der Normaldruck K parallel zu seiner ursprünglichen Richtung um den Wälzarm f, derart, daß für den treibenden Körper der Momentenarm des Normaldruckes K vergrößert, für den getriebenen Körper entsprechend verkleinert wird.

Über die Abhängigkeit des Wälzarmes f von den maßgebenden Faktoren ist sinngemäß das gleiche zu sagen wie beim tangentialen Wälzen. Während bei tangentialem Wälzen nicht gleichzeitig ein Gleiten in tangentialer Richtung erfolgen kann, ist dies bei normal gerichtetem Abwälzen sehr wohl möglich und auch bei den meisten praktisch angewendeten Triebwerken mit normal gerichtetem Abwälzen der Fall.

Kraftverhältnisse und Wirkungsgrade von mechanischen Triebwerken und Bremsen.

I. Rolltriebwerke.

Hierunter sind Triebwerke mit Rollen, Walzen, Reifen o. dgl. verstanden, bei denen Kraftübertragung durch tangential gerichtetes Abwälzen erfolgt.

1. Rolltriebwerk mit zwei Walzen (Aussentrieb).

Zwei Walzen von den Radien r und R werden durch Normaldrücke K an der Berührungsstelle B aneinander gepreßt (Abb. 18). An der Drehachse der Walze O_1 greift ein Moment $M_1 = P_1 r$ an, durch das diese Walze mit der Geschwindigkeit v gedreht und auch die Walze O_2 mit der gleichen Geschwindigkeit v ohne Gleiten mitgenommen wird. Hierbei wird ein an der Drehachse O_2 dieser Walze wirkendes Nutzmoment $M_2 = P_2 R$ überwunden.

Wir stellen zunächst die Gleichgewichtsbedingungen für jede einzelne Walze auf.

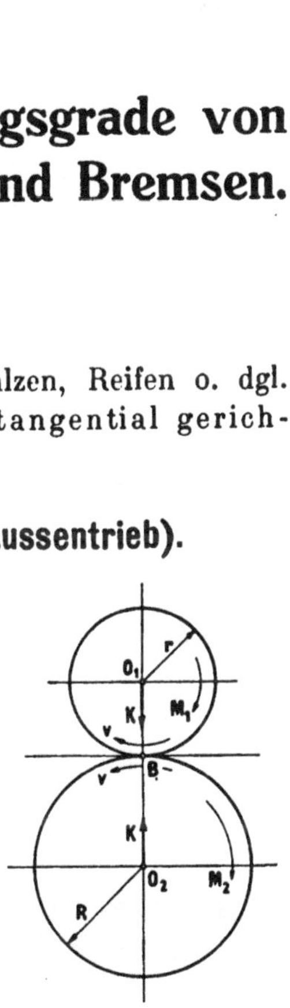

Abb. 18.

a) Treibende Walze O_1.

Von der Kraftübertragung her wirkt an der Berührungsstelle B die tangential gerichtete Zahnkraft Z, die an der Drehachse O_1 eine Gegenkraft Z_1 hervorruft (Abb. 19). Außerdem muß das Formänderungsmoment Kf überwunden werden, das entgegen M_1 dreht.

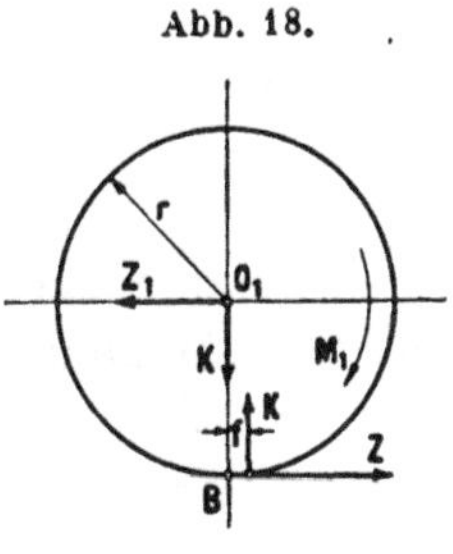

Abb. 19.

Sollen die wirkenden Kräfte und Momente sich im Gleichgewichte befinden, dann müssen folgende Bedingungen erfüllt sein:

1). $Z_1 = Z$.

2). $K = K$.

3). $M_1 - Z\,r - K\,f = 0$.

Hieraus ergibt sich:

$$P_1 = Z + \frac{K\,f}{r} \quad \text{. . . . . (14)}$$

b) Getriebene Walze O_2.

Die von der Kraftübertragung herrührende Zahnkraft Z ist für diese Walze die Triebkraft, welche an der Drehachse O_2 eine Gegenkraft Z_2 hervorruft (Abb. 20).

Das Formänderungsmoment $K\,f$ dreht hier in Richtung des Nutzmomentes $M_2 = P_2\,R$.

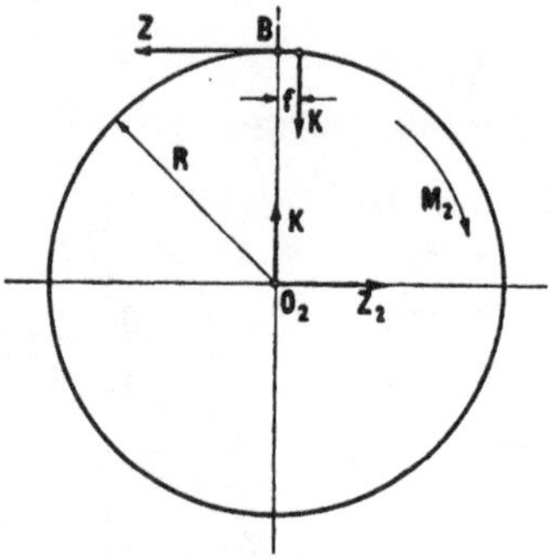

Abb. 20.

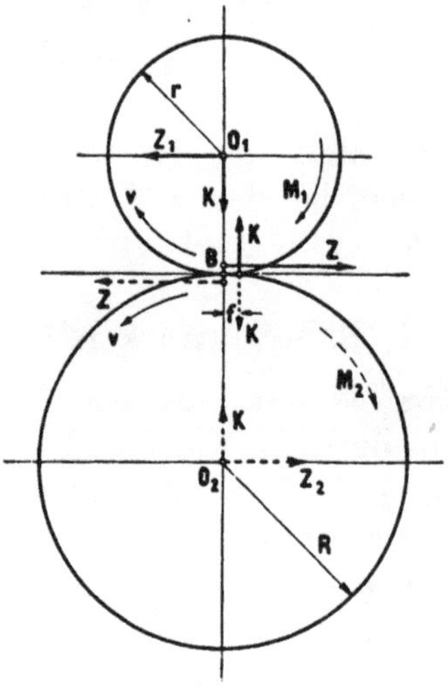

Abb. 21.

Die Gleichgewichtsbedingungen sind:

1). $Z_2 = Z$.

2). $K = K$.

3). $-ZR + M_2 + K\,f = 0$.

Hieraus erhält man:

$$P_2 = Z - \frac{K\,f}{R} \quad \text{. . . . . (15)}$$

Aus den Einzelansätzen für beide Walzen ergeben sich die Gleichgewichtsbedingungen für das gesamte Walzentriebwerk (Abb. 21):

1). $Z_1 = Z_2 = Z$.

2). $K = K$.

3). $M_1 + M_2 - Z\,(r + R) = 0$ . . . . (16)

Hieraus erhält man die horizontale Lagerkraft an den Drehachsen O_1 und O_2:

$$Z = \frac{P_1 r + P_2 R}{r + R} \quad . \quad . \quad . \quad . \quad . \quad . \quad . \quad . \quad (17)$$

Die Lagerkraft Z ist danach von beiden Momenten M_1 und M_2 und von den Radien beider Walzen r und R abhängig.

Wird aus den Gleichungen 14 und 15 die Zahnkraft Z ausgeschieden, dann ist:

$$P_1 = P_2 + K f \left(\frac{1}{r} + \frac{1}{R}\right) \quad . \quad . \quad . \quad . \quad . \quad . \quad . \quad (18)$$

Diese Beziehung besagt, daß die an der treibenden Walze aufzuwendende Umfassungskraft P_1 gleich ist der Summe aus der an der getriebenen Walze wirkenden Nutzumfangskraft P_2 und dem an der Übertragungsstelle beider Walzen zu überwindenden Rollwiderstand

$$K f \left(\frac{1}{r} + \frac{1}{R}\right).$$

Die Gleichgewichtsbedingungen hätten auch unmittelbar aus dem Kräfteplan der Abb. 21 abgeleitet werden können.

Bei den Ableitungen ist die Zapfenreibung an den Lagerstellen O_1 und O_2 in die Momente M_1 und M_2 einbezogen.

Wirkungsgrad des Rolltriebwerkes.

Der Wirkungsgrad η ist das Verhältnis aus der Nutzleistung $P_2 v$ zur aufgewendeten Leistung $P_1 v$, daher nach Gl. 18

$$\eta = \frac{P_2}{P_1} = 1 - \frac{K}{P_1} f \left(\frac{1}{r} + \frac{1}{R}\right) \quad . \quad . \quad . \quad . \quad . \quad (19)$$

Der Wirkungsgrad des behandelten Rolltriebwerkes ist um so günstiger, je kleiner der Normaldruck K, mit dem beide Walzen an der Übertragungsstelle aneinandergepreßt werden und je größer die aufzuwendende Umfangskraft P_1 oder die übertragbare Zahnkraft Z wird. Die Größe der Umfangskraft ist aber durch den Umstand begrenzt, daß mit zunehmender Zahnkraft Z auch die dadurch hervorgerufenen Formänderungen der kleinen Oberflächenzähne, welche die Kraftübertragung bewirken, immer größer werden, bis schließlich diese Zähne soweit abgebogen sind, daß Gleiten eintritt (Abb. 10, S. 6). Dann hört die gleichmäßige Kraftübertragung auf.

Wie später bei Behandlung des Riementriebes (S. 102 ff.) näher gezeigt werden wird, kann der Gleitwiderstand, der nach dem vollständigen Abbiegen der Oberflächenzähne entsteht, wesentlich geringer sein als die unmittelbar vor Eintritt des Gleitens noch übertragene Zahnkraft Z.

Der Gleitwiderstand μK ist somit keinesfalls als Grenzwert für die übertragbare Umfangskraft (Zahnkraft) anzusehen.

Der Wirkungsgrad wächst mit der Größe der Walzendurchmesser. Ist die Größe der Übersetzung und der Radien festgelegt, dann ist es für die Güte des Wirkungsgrades gleichgültig, ob ins Schnelle oder ins Langsame übersetzt wird.

Der Wirkungsgrad wird um so günstiger, je kleiner der Wälzarm f ist.

Wie früher ausgeführt, wird der Wälzarm f um so kleiner, je elastischer und fester das Material der beiden Walzen und je kleiner die Wälzgeschwindigkeit v ist. Der Wirkungsgrad ist somit bei Walzen aus Eisen oder Stahl günstiger als bei solchen aus Holz, Gummi oder ähnlichen Materialien. Bei der Auswahl der Materialien ist aber nicht allein der Wirkungsgrad, sondern auch die Größe der zu übertragenden Umfangskraft maßgebend. Danach wird zur Vermeidung des Gleitens vielfach eine der Walzen aus nachgiebigerem Material hergestellt. Zur Verringerung des Formänderungsverlustes wird aber nur die Lauffläche (Oberfläche) mit einem Belag aus nachgiebigem Material (Holz, Gummi, Leder o. dgl.) versehen.

Der Wälzarm f nimmt naturgemäß mit der zu leistenden Formänderungsarbeit zu. Er wird daher um so größer sein, je größer die Zahnkraft Z und somit auch die aufzuwendende Umfangskraft P_1 ist. Der nach Gl. 19 sich ergebende Einfluß der Umfangskraft P_1 auf den Wirkungsgrad muß daher mit Rücksicht auf die gerade entgegengesetzte Abhängigkeit des Wälzarmes f von P_1 entsprechend berichtigt werden. Welchen Einfluß die Umfangskraft P_1 in Wirklichkeit auf den Wirkungsgrad ausübt, können nur praktische Versuche zeigen. Derartige Versuche sind in größerer Zahl im Laboratorium für Kraftwagen an der Technischen Hochschule zu Berlin mit Kraftwagenrädern (Räder mit Pneumatikreifen), die sich auf Trommeln mit Holzbelag abwälzten, durchgeführt worden.[1])

Dabei hat sich deutlich gezeigt, daß der Formänderungsverlust beim Abrollen von Pneumatikreifen auf Holztrommeln mit der Umfangskraft P_1 stark zunimmt.

---

[1]) Vergleiche: A. Riedler, »Wissenschaftliche Automobilwertung«, Berichte I—V des Laboratoriums für Kraftfahrzeuge an der Kgl. Technischen Hochschule zu Berlin. Verlag von R. Oldenbourg, Berlin und München.

Der Formänderungsverlust ist bei den angetriebenen Rädern eines Kraftwagens mit Pneumatikreifen ein Vielfaches desjenigen der nur geschobenen Vorderräder.

Versuche mit hartbereiften Rädern (z. B. mit Eisen- oder Stahlreifen) und ein Abwälzen solcher Räder auf elastischerer und festerer Bahn als Holz (z. B. auf Stahlschienen) sind zurzeit noch nicht ausgeführt worden, so daß über die Abhängigkeit des Formänderungsverlustes von der Umfangskraft P_1 bei derartigen Rädern noch nichts Bestimmtes ausgesagt werden kann. Da aber die Formänderungswege bei harter Bereifung und bei Stahlschienen wesentlich kleiner sind als bei Pneumatikreifen und Holzbahn, so wird jedenfalls der Formänderungsverlust kleiner, der Wirkungsgrad somit bei harter Bereifung und Stahlschienen günstiger sein als bei weicher Bereifung und Holzbahn.

Prüfstände für Lokomotiven und Kraftwagen.

Das behandelte Rolltriebwerk mit zwei Walzen (Abb. 18) entspricht dem Wesen nach vollständig den üblichen Prüfständen zur Untersuchung von Lokomotiven und Kraftwagen. Je nach der Zahl der Triebräder der Lokomotive oder des Kraftwagens sind bei den Prüfständen nur entsprechend viele Walzenpaare vorhanden. Die Walze O_1 entspricht einem Triebrade, die Walze O_2 der zugehörigen Prüfstandtrommel.

Eine derartige Prüfeinrichtung eignet sich besonders zur Untersuchung solcher Lokomotiven oder Kraftwagen, bei denen die am Umfang der Triebräder verfügbare Leistung L_1 oder das dieser Leistung entsprechende Drehmoment $M_1 = P_1 r$ während des Betriebes unmittelbar nicht bequem und genau genug gemessen werden kann.

Wie Gl. 16 zeigt, kann das Moment M_1 mittelbar bestimmt werden, wenn die am Umfang der Prüfstandtrommel abgebremste Leistung L_2 und damit das dieser Leistung entsprechende Drehmoment $M_2 = P_2 R$, sowie die horizontale Lagerkraft oder die von der Lokomotive oder dem Kraftwagen ausgeübte Zugkraft Z gemessen wird.

Es ist dann

$$M_1 = P_1 r = Z\,(r + R) - M_2 \quad \ldots \ldots \quad (20)$$

und die am Umfang der Triebräder eingeführte Leistung

$$L_1 = P_1 v \quad \ldots \ldots \quad (21)$$

Die Differenz aus L_1 und L_2 ergibt den Formänderungsverlust (Reifenverlust) an der Laufstelle

$$L_w = L_1 - L_2 \quad \ldots \ldots \quad (22)$$

Aus den Ergebnissen geht hervor, daß weder die Messung der Zugkraft Z, noch die der abgegebenen Leistung L_2 allein zur Bestimmung der am Umfang der Triebräder eingeführten Leistung L_1 genügt. Es müssen sowohl Z wie L_2 gleichzeitig gemessen werden.

Die der Zugkraft Z entsprechende Leistung

$$L_z = Z v \quad . \quad . \quad . \quad . \quad . \quad . \quad . \quad . \quad . \quad . \quad (23)$$

kann unmöglich der am Umfang der Triebräder aufgewendeten Leistung L_1 gleich sein, weil ein Teil dieser Leistung zur Überwindung der Formänderungswiderstände an der Laufstelle aufgezehrt wird.

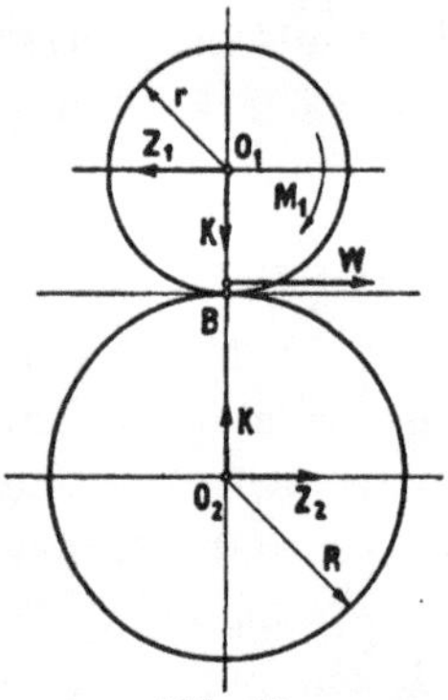

Abb. 22.

Die irrtümliche Anschauung, daß $L_1 = L_z$ sei, rührt daher, daß anstelle des wirkenden Formänderungsmomentes $K f$ ein Gleitwiderstand W angenommen wird, obwohl keine Relativgeschwindigkeit zwischen den Walzen an der Übertragungsstelle B vorhanden ist (Abb. 22).

Für das Triebrad O_1 ist dann die Momentengleichung mit Bezug auf die Berührungsachse B:

$$M_1 - Z_1 r = 0,$$

woraus sich $Z_1 = P_1$ und

$$L_z = Z_1 v = P_1 v = L_1$$

ergibt.

Diese Beziehung ist aber nur für den Fall richtig, daß die Walze O_2 feststeht und wie ein Bremsklotz in B an die Walze O_1 gedrückt wird. Dann setzt sich die ganze aufgewendete Leistung L_1 in Reibungsleistung um, und die Zugkraft Z_1 wird gleich dem Reibungswiderstand W, dementsprechend die Leistung $L_z = Z_1 v$ gleich der eingeführten Leistung L_1.

Man erkennt daraus, wie wichtig es für die Ausbildung von Versuchseinrichtungen ist, daß die Kraftverhältnisse richtig beurteilt werden; sonst entstehen ungenügende Meßeinrichtungen, die Anzeigen der Meßinstrumente werden falsch gedeutet, und unrichtige Ergebnisse sind die Folge.[1])

[1]) Der Prüfstand des Laboratoriums für Kraftwagen an der Technischen Hochschule zu Berlin ist nach den hier abgeleiteten Beziehungen mit Meßeinrichtungen zur gleichzeitigen Messung der Zugkraft Z und der abgegebenen Leistung L_2 versehen. Eine eingehende Beschreibung des Prüfstandes und seiner Meßeinrichtungen wird als besonderer Bericht des Laboratoriums erscheinen. Vergleiche auch: A. Riedler, »Wissenschaftliche Automobilverwertung«.

2. Abrollen einer Walze auf fester, ebener Bahn.

a) Lokomotiv- oder Kraftwagenbetrieb.

Durch das am Umfang der Triebräder vom Radius r eingeleitete Drehmoment $M = P\,r$ (Abb. 23) soll eine Nutzlast Z (gleichwertig z. B. der am Zughaken einer Lokomotive meßbaren Zugkraft) mit der Geschwindigkeit v auf fester, ebener Bahn fortgewälzt werden. Der Achsdruck sei K.

Wir denken uns das Wälzen wieder durch kleine Oberflächenzähne bewirkt und erkennen, daß die in B am Triebrade angreifende Zahnkraft Z' entgegen dem treibenden Momente M dreht, also nach rechts gerichtet ist. Das an der Auflagefläche entstehende Formänderungsmoment $K\,f$ dreht ebenfalls entgegen dem Momente M. Für das Gleichgewicht der Kräfte und Momente müssen die folgenden Beziehungen bestehen:

1). $Z' = Z$.
2). $K = K$.
3). $M - Z\,r - K\,f = 0$.

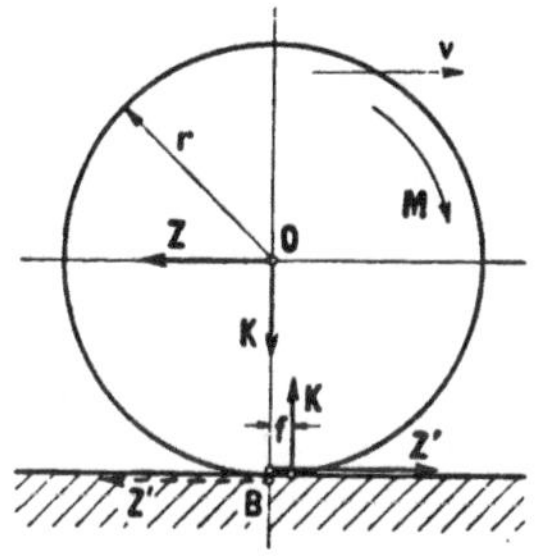

Abb. 23.

Daraus erhält man:

$$P = Z + \frac{K\,f}{r} \quad . \quad . \quad . \quad . \quad (24)$$

Die der Zugkraft Z einer Lokomotive oder eines Kraftwagens entsprechende Leistung $L_z = Z\,v$ ist somit nicht gleich der am Umfang der Triebräder eingeführten Leistung $L_1 = P\,v$, sondern sie ist um den Rollverlust $L_w = \frac{K\,f}{r}\,v$ kleiner als diese.

Ist keine Nutzlast Z zu bewegen, dann ist

$$P = \frac{K\,f}{r} = W_f \quad . \quad . \quad . \quad . \quad . \quad . \quad . \quad . \quad (25)$$

In diesem Falle wird die Umfangskraft des eingeleiteten Kraftmomentes M nur zur Überwindung des Rollwiderstandes $W_f = \frac{K\,f}{r}$ verbraucht.

Wirkungsgrad.

Es ist nach Gl. 24

$$\eta = \frac{Z}{P} = 1 - \frac{K}{P}\,\frac{f}{r} \quad . \quad . \quad . \quad . \quad . \quad . \quad . \quad . \quad (26)$$

Über die Abhängigkeit des Wirkungsgrades von den maßgebenden Größen K, P, r, f, φ usw. ist sinngemäß das gleiche zu sagen wie beim »Rolltriebwerk mit zwei Walzen« (S. 17).

Im Vergleich mit dem durch Gl. 19 gegebenen Werte des Wirkungsgrades ist aber der Wirkungsgrad beim Abrollen einer Walze auf fester Bahn (gleichgültig ob diese eben oder krumm ist) kleiner. Es fehlt in diesem Falle das Glied $\frac{K}{P}\frac{f}{R}$. Der Wälzarm f ist bei ebener, fester Bahn wegen der günstigeren Formänderungsverhältnisse etwas kleiner als bei krummer fester Bahn.

Unter sonst gleichen Umständen (bei gleichem Material und gleicher Oberflächenbeschaffenheit der festen und bewegten Bahn und bei gleichem Wälzarm f) sind die Bahnwiderstände beim Abrollen einer Walze O_1 auf einer drehbaren Bahn (Walze O_2) größer als beim Abrollen auf einer festen Bahn. Es sind daher auch unter den angenommenen Voraussetzungen die Bahnwiderstände auf einem Prüfstande mit drehbaren Lauftrommeln größer als beim Abrollen von Rädern auf fester Bahn.

Nach Gl. 18 ergibt sich der Rollwiderstand eines Rades vom Radius r beim Abrollen auf einer Walze vom Radius K zu

$$W_b = P_1 - P_2 = K f\left(\frac{1}{r} + \frac{1}{R}\right) \quad . \quad . \quad . \quad . \quad . \quad (27)$$

Der dem Abrollen eines Rades vom Radius r auf fester Bahn entsprechende Rollwiderstand ist nach Gl. 24

$$W_f = \frac{K f}{r} \quad . \quad . \quad . \quad . \quad . \quad . \quad . \quad . \quad . \quad . \quad (28)$$

Aus Gl. 27 ist der Wälzarm

$$f = \frac{P_1 - P_2}{K\left(\frac{1}{r} + \frac{1}{R}\right)} = \frac{W_b}{K\left(\frac{1}{r} + \frac{1}{R}\right)} \quad . \quad . \quad . \quad . \quad (29)$$

und durch Einsetzen dieses Wertes in Gl. 28 ergibt sich

$$W_f = \frac{R}{r+R}(P_1 - P_2) = \frac{R}{r+R} W_b \quad . \quad . \quad . \quad . \quad (30)$$

Je größer somit der Trommelradius R eines Prüfstandes ausgeführt wird, um so mehr entsprechen die Rollwiderstände W_b beim Abrollen auf den Prüfstandtrommeln den Bahnwiderständen W_f beim Abrollen auf der festen Straße.

Gl. 30 ermöglicht es, unter der Voraussetzung einer festen Fahrstraße oder eines Geleises von gleicher elastischer und Oberflächenbeschaffenheit wie die Prüfstandtrommeln, also unter Annahme des gleichen Wälzarmes f, aus dem Rollwiderstand W_b beim Abrollen auf den Prüfstandtrommeln, die Bahnwiderstände W_f auf fester Bahn zu ermitteln.

Der Wirkungsgrad von »Rolltriebwerken mit zwei drehbaren Walzen« ist unter sonst gleichen Umständen (wie schon dargelegt wurde) schlechter als der von Rolltriebwerken mit nur einer drehbaren Walze.

b) Gezogene Rollfuhrwerke (Pferdebetrieb).

Die Räder eines Fuhrwerkes vom Radius r werden durch eine an ihrer Achse O angreifende Kraft P gezogen (Abb. 24) und dadurch eine Nutzlast Z (Zugkraft) mit der Geschwindigkeit v auf einer festen, ebenen Bahn fortgewälzt.

Beim Abrollen ohne Gleiten entsteht an der Auflagestelle durch das Eingreifen der kleinen Oberflächenzähne eine Zahnkraft Z', die am Rade entgegen der ziehenden Triebkraft P, also nach links, wirkt. Das an der Berührungsfläche entstehende Formänderungsmoment $K f_1$ dreht entgegen der Walzendrehung.

Die Gleichgewichtsbedingungen für dieses Rolltriebwerk sind:

1). $P = Z + Z'$.

2). $K = K$.

3). $P r - Z r - K f_1 = 0$.

Hieraus folgt:

$$P = Z + \frac{K f_1}{r} \quad . \quad . \quad . \quad . \quad (31)$$

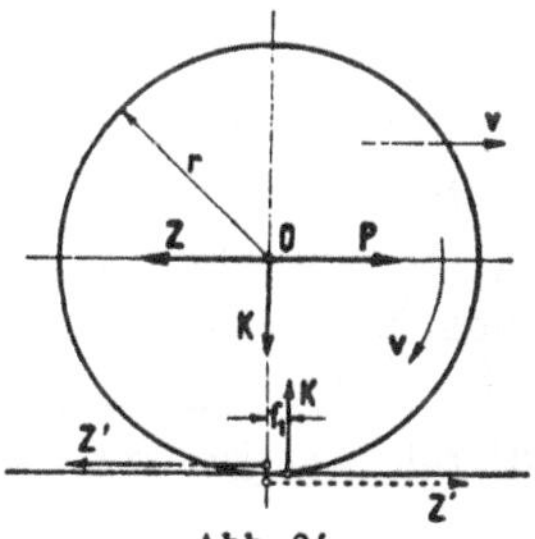

Abb. 24.

Die durch Gl. 31 gegebene Beziehung ist der Form nach gleich derjenigen nach Gl. 24. Während aber beim Abrollen einer Walze unter dem Einflusse eines Drehmomentes M die Zahnkraft Z' gleich ist der Nutzlast Z, ist sie in diesem Falle nur gleich dem Rollwiderstande $\frac{K f_1}{r}$. Es müssen daher die durch die Zahnkraft Z' hervorgerufenen Formänderungsverluste und damit auch der Wälzarm f_1 beim Abrollen einer durch eine Kraft P gezogenen Walze wesentlich kleiner sein, als wenn die Walze durch ein Drehmoment $M = P r$ fortgerollt wird.

Der Wirkungsgrad

$$\eta_1 = \frac{Z}{P} = 1 - \frac{K f_1}{P r} \quad . \quad . \quad . \quad . \quad . \quad . \quad . \quad (32)$$

ist daher ebenfalls größer als η nach Gl. 26. Die Straßenoberfläche wird durch die erheblich kleinere Zahnkraft Z' bei gezogenen Fuhrwerken viel weniger beansprucht und abgenutzt, als wenn ein Drehmoment das Abrollen bewirkt.

Bei einem Eisenbahnzuge muß der Rollwiderstand der Lokomotive unter sonst gleichen Umständen (gleiche Achsbelastung, gleiche Raddurchmesser) besonders bei voller Leistung ein Vielfaches des Rollwiderstandes jedes der Anhängewagen sein. Sowohl aus diesem Grunde, wie auch wegen der größeren Achsbelastung wird daher der Durchmesser der Triebräder einer Lokomotive wesentlich größer ausgeführt als der Durchmesser der einfachen Laufräder.

Auch bei Kraftwagen würde es sehr vorteilhaft sein, den Durchmesser der Triebräder gegenüber dem der nur geschobenen Vorderräder zu vergrößern. Daß dies nicht geschieht, hat vor allem in der Rücksicht auf die mitzuführenden Ersatzreifen seinen Grund. Die erforderliche größere Übersetzung zwischen Motor und den Triebrädern ließe sich z. B. durch einen Schneckentrieb am Differential leicht erreichen.

Im Hinblick auf die Ausbildung von motorischen Lastzügen zeigen die gewonnenen Ergebnisse, daß es vorteilhaft ist, mit möglichst wenig Triebachsen auszukommen. Am besten ist daher ein Lastzug, der nur aus einem Triebwagen mit möglichst großen Triebrädern und sonst nur aus Anhängewagen besteht. Fehlerhaft wäre es vom Standpunkte des Wirkungsgrades, die Antriebsenergie auf alle Wagen zu verteilen.

3. Rolltriebwerk mit zwei Walzen (Innentrieb).

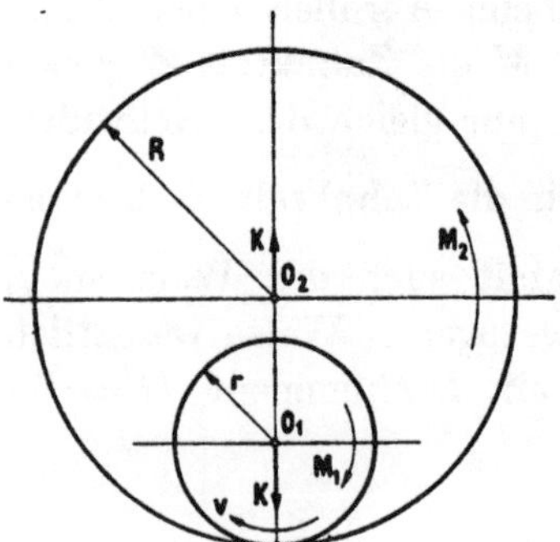

Abb. 25.

Zwei Walzen von den Radien r und R sind ineinander gesteckt und durch Achsdrücke K an der Berührungsstelle B aneinandergepreßt (Abb. 25). Die Walze O_1 wird durch das Drehmoment $M_1 = P_1 r$ angetrieben und nimmt die Walze O_2 ohne Gleiten mit der gleichen Geschwindigkeit v mit. Hierbei wird das an der Walze O_2 wirkende Nutzmoment $M_2 = P_2 R$ überwunden.

a) Treibende Walze O_1.

An der Übertragungsstelle B wirkt die Zahnkraft Z, die entgegen dem treibenden Momente M_1 dreht; außerdem das Formänderungsmoment Kf, ebenfalls entgegen dem Momente M drehend, so daß die Formänderungskraft K rechts von B im Abstande f angreifen muß (Abb. 26). Die Zahnkraft Z ruft an der Drehachse O_1 die Gegenkraft Z_1 hervor.

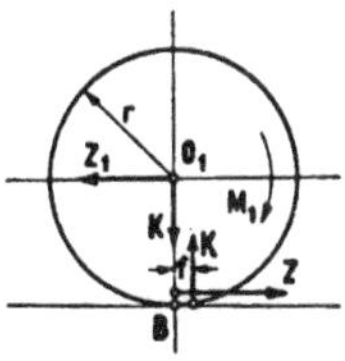

Abb. 26.

Die Gleichgewichtsbedingungen sind:

1). $Z_1 = Z$.
2). $K = K$.
3). $M_1 - Zr - Kf = 0$.

Daraus ergibt sich:

$$P_1 = Z + \frac{Kf}{r} \quad \ldots\ldots\ldots \quad (33)$$

b) Getriebene Walze O_2.

Die Zahnkraft Z in B ist für die getriebene Walze O_2 als treibende Kraft nach rechts gerichtet und ruft an der Drehachse O_2 eine Gegenkraft Z_2 hervor (Abb. 27). Das Formänderungsmoment Kf dreht

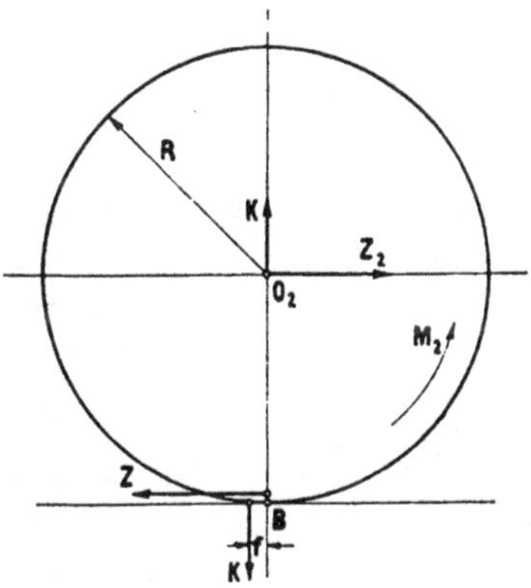

Abb. 27.

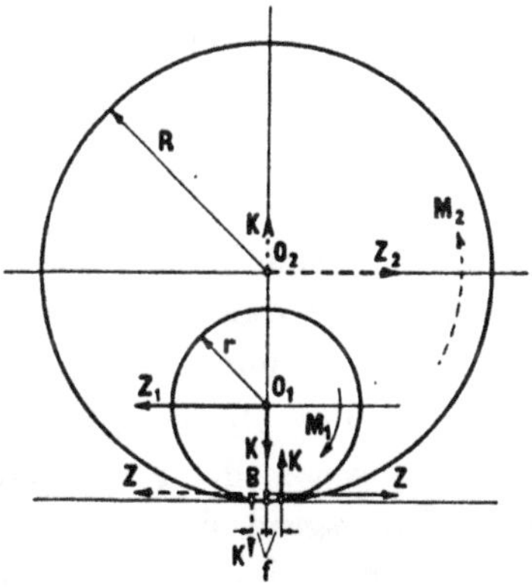

Abb. 28.

entgegen dem Momente der treibenden Zahnkraft Z. Die Formänderungskraft K muß daher entgegen dem Achsdruck K links von B im Abstande f wirken.

Gleichgewichtsbedingungen:

1). $Z_2 = Z$.
2). $K = K$.
3). $ZR - Kf - M_2 = 0$

Hieraus ist:

$$P_2 = Z - \frac{Kf}{R} \quad . \quad . \quad . \quad . \quad . \quad . \quad . \quad . \quad (34)$$

Für das gesamte Innen-Walzentriebwerk erhält man aus den Einzelansätzen und den Gl. 33 und 34 oder unmittelbar nach dem Kräfteplan Abb. 28 die Gleichgewichtsbedingungen:

1). $Z_1 = Z_2 = Z.$
2). $K = K.$
3). $M_1 - M_2 + Z\,(R - r) - 2\,Kf = 0.$

Hieraus erhält man:

$$P_1 r - P_2 R + Z\,(R - r) - 2\,Kf = 0 \quad . \quad . \quad . \quad . \quad (35)$$

Durch Ausscheiden von Z aus den Gl. 33 und 34 ergibt sich:

$$P_1 = P_2 + Kf\left(\frac{1}{r} + \frac{1}{R}\right) \quad . \quad . \quad . \quad . \quad . \quad . \quad (36)$$

Diese Beziehung ist identisch mit Gl. 18 für den Außenwalzentrieb.

Wirkungsgrad.

Es ist nach Gl. 36

$$\eta = \frac{P_2}{P_1} = 1 - \frac{K}{P_1} f\left(\frac{1}{r} + \frac{1}{R}\right) \quad . \quad . \quad . \quad . \quad . \quad (37)$$

Es ist daher auch der Wert für den Wirkungsgrad sinngemäß vollständig gleich dem nach Gl. 19 gültigen Werte für den Außenwalzentrieb, so daß auch über die Abhängigkeit des Wirkungsgrades von den maßgebenden Größen das gleiche zu sagen ist wie dort.

Der einzige Unterschied besteht darin, daß beim Innentrieb der Wälzarm f wegen der günstigeren Formänderungsverhältnisse kleiner, der Wirkungsgrad daher günstiger ist als beim Außentrieb. Über die Größe des Unterschiedes können nur praktische Versuche zuverlässigen Aufschluß geben.

II. Bremsen.

1. Backenbremsen.

Bei einer Backenbremse nach Abb. 29 wird ein mit einem Bremshebel starr verbundener, fester oder wenig nachgiebiger Bremsbacken durch eine am Ende des Bremshebels angreifende Kraft B an eine Bremsscheibe vom Radius R gepreßt. Der vom Bremshebel auf den Bremsbacken ausgeübte resultierende Bremsdruck K wirkt zentral auf die Drehachse O der Bremsscheibe.

a) Die Bremsscheibe befindet sich in Ruhe.

Durch den Bremsdruck K entstehen an der Auflagefläche des Bremsbackens mit der Scheibe elementare Auflagekräfte dK, deren Verteilung längs des Bremsflächenumfanges vom Zentriwinkel φ hauptsächlich von den elastischen und Festigkeitseigenschaften des Bremsklotzes und der Scheibe, sowie von der Beschaffenheit der Bremsflächen (Bearbeitung, Schmierung) abhängt. In allen Fällen können aber die Auflagekräfte dK nur so verteilt sein, daß ihre Resultierende dem Bremsdruck K das Gleichgewicht hält.

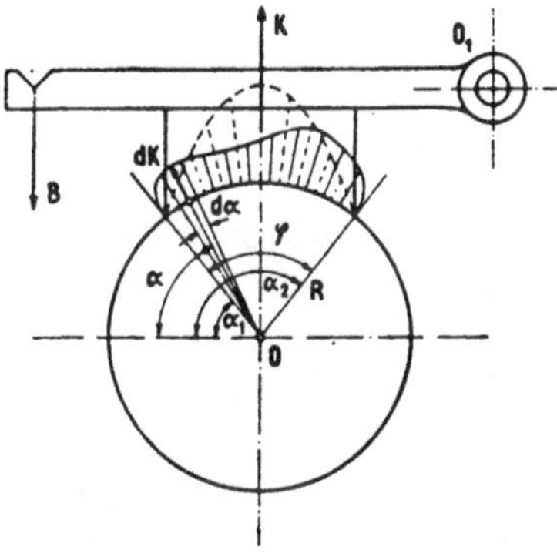

Abb. 29.

Ist p der spezifische Auflagedruck für die Bremsflächeneinheit an irgendeiner Stelle der Bremsfläche und b die überall gleiche Breite des Bremsbackens, dann ist die elementare Auflagekraft für einen Umfangsstreifen von der Bogenlänge $R\,d\alpha$

$$dK = p\,R\,d\alpha\,b \quad \text{. . . . .} \quad (38)$$

Dabei ist vorausgesetzt, daß die spezifische Auflagepressung p für alle Punkte der elementaren Fläche $R\,d\alpha\,b$ der Breite nach gleich groß ist. Die Gleichgewichtsbedingungen für die an der Bremsscheibe im Ruhezustande angreifenden Kräfte lauten dann:

$$1).\ \int_{\alpha_1}^{\alpha_2} dK \sin\alpha = \int_{\alpha_1}^{\alpha_2} p\,b\,R \sin\alpha\,d\alpha = K \quad \text{. . . . .} \quad (39)$$

$$2).\ \int_{\alpha_1}^{\alpha_2} dK \cos\alpha = \int_{\alpha_1}^{\alpha_2} p\,b\,R \cos\alpha\,d\alpha = O \quad \text{. . . . .} \quad (40)$$

Da alle Kräfte durch den Drehpunkt O der Scheibe gehen, so sind keine freien Momente in bezug auf die Drehachse der Scheibe wirksam.

b) Die Bremsscheibe wird relativ zum feststehenden Bremsklotz mit der Geschwindigkeit v gleichförmig gedreht.

Bei der Drehung der Bremsscheibe entstehen an allen Auflagepunkten der Bremsfläche elementare Reibungskräfte dW (Abb. 30), die senkrecht zu den Auflagedrücken dK stehen und an der Scheibe als Widerstände entgegen der Drehrichtung, am Bremsbacken in Richtung von v wirken.

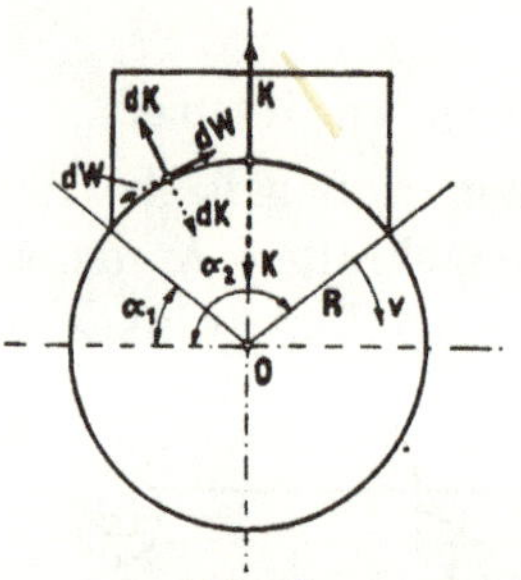

Abb. 30.

Ist μ der an allen Punkten der Bremsfläche gleiche Reibungskoeffizient, dann ist:

$$dW = \mu\, dK = \mu\, p\, R\, b\, d\alpha \quad . \quad . \quad (41)$$

Das gesamte Reibungsmoment aller Kräfte dW in bezug auf die Drehachse O der Scheibe ist:

$$M_w = \int_{\alpha_1}^{\alpha_2} \mu\, dK\, R = \int_{\alpha_1}^{\alpha_2} \mu\, p\, R^2\, b\, d\alpha \quad . \quad . \quad (42)$$

Zur Bestimmung des Reibungsmomentes M_w muß die Verteilung der Auflagedrücke dK oder das Gesetz der Veränderlichkeit von p mit dem Winkel α bekannt sein.

Da sich die Verteilung der Auflagekräfte dK durch ungleichartige Abnutzung der Bremsflächen, sowie außerdem der Reibungskoeffizient μ während des Betriebes ändern kann, so ist damit auch das Reibungsmoment M_w veränderlich.

Kraftverhältnisse an der Scheibe.

Nehmen wir an, daß durch die Drehung der Scheibe an der Verteilung der Auflagekräfte dK nichts geändert wird, daß somit deren Resultierende wieder eine zentral durch die Drehachse O gehende Kraft K ist, dann müssen auch während der Drehung der Scheibe die Auflagekräfte dK den durch die Gl. 39 und 40 gegebenen Bedingungen entsprechen. Denken wir uns alle Kräfte dK und dW in horizontale und vertikale Komponenten zerlegt, dann müssen mit Rücksicht darauf, daß die vertikalen Komponenten der Kräfte dK eine Resultierende K ergeben (nach Gl. 39), die horizontalen Komponenten der Reibungskräfte dW eine Resultierende μK haben, die durch den im Abstande ϱ von der Drehachse O liegenden Druckmittelpunkt der horizontalen Reibungskräfte geht (Abb. 31). Die horizontalen Komponenten der Auflagekräfte dK ergeben eine Resultierende = 0, oder anders ausgedrückt: die Resultierende der links von der Richtungslinie des Bremsdruckes K wirkenden horizontalen Komponenten der Normaldrücke dK ist gleich und entgegengesetzt der Resultierenden aller rechts von dieser Richtungslinie wirkenden horizontalen Komponenten der Kräfte dK. Daher ergeben die links von derselben Richtungslinie wirkenden vertikalen Komponenten der Reibungskräfte dW eine Resultierende W_v, die gleich und entgegengerichtet der Resultierenden aller rechts davon angreifenden vertikalen Komponenten der Kräfte dW ist.

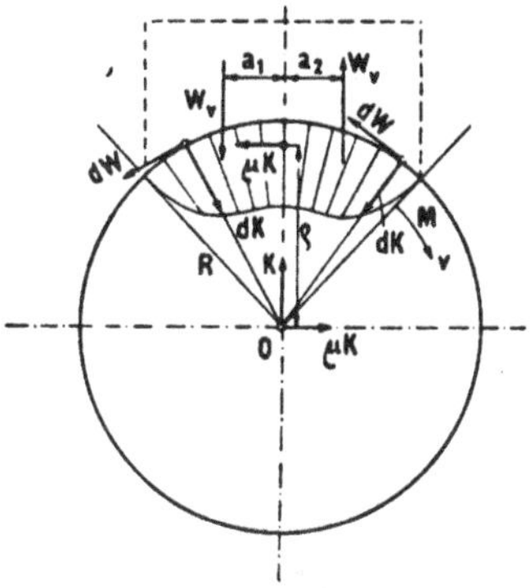

Abb. 31.

Sind die Abstände dieser Resultierenden W_v von der Richtungslinie der Kraft K gleich a_1 und a_2 ($a_1 = a_2$, wenn die Auflagekräfte dK symmetrisch zur Richtungslinie von K verteilt sind), dann ist das gesamte Reibungsmoment

$$M_w = \mu K \varrho + W_v (a_1 + a_2) \quad . \quad . \quad . \quad . \quad . \quad . \quad (43)$$

Die Drehachse O der Bremsscheibe wird durch den vertikalen Bremsdruck K und die horizontale Gegenkraft von μK beansprucht. Die vertikalen Reibungskräfte W_v ergeben keine Lagerkraft. Für die Beurteilung der Kräfteverhältnisse ist nur deren Moment

$$M_w'' = W_v (a_1 + a_2) \quad . \quad . \quad . \quad . \quad . \quad . \quad . \quad . \quad (44)$$

maßgebend.

Kennt man das gesamte Reibungsmoment M_w und das Moment der horizontalen Reibungskräfte

$$M_w' = \mu K \varrho \quad . \quad . \quad . \quad . \quad (45)$$

dann ist

$$M_w'' = M_w - M_w' \quad . \quad . \quad (46)$$

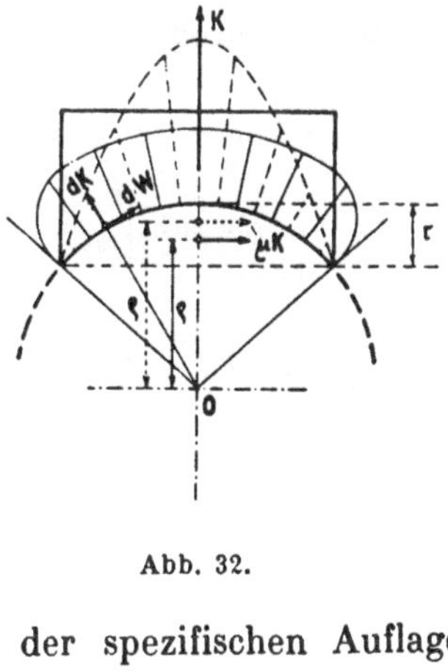

Abb. 32.

Der Abstand ϱ des Druckmittelpunktes der horizontalen Reibungskräfte von der Drehachse O ist von der Verteilung der Auflagekräfte dK abhängig (Abb. 32). Er wird größer sein, wenn die Verteilung der Kräfte dK oder der spezifischen Auflagepressungen p der gestrichelt gezeichneten Umrißlinie entspricht, als wenn sie nach der ausgezogenen Umrißlinie verteilt sind. Jedenfalls muß der Druckmittelpunkt innerhalb der Bogentiefe τ der Bremsfläche liegen. Ist die Verteilung der Auflagekräfte dK oder der spezifischen Auflagepressungen p in Funktion von α bekannt, dann kann auch ϱ, a_1, a_2, W_v und M_w bestimmt werden.

Kraftverhältnisse am Bremsbacken und Hebel.

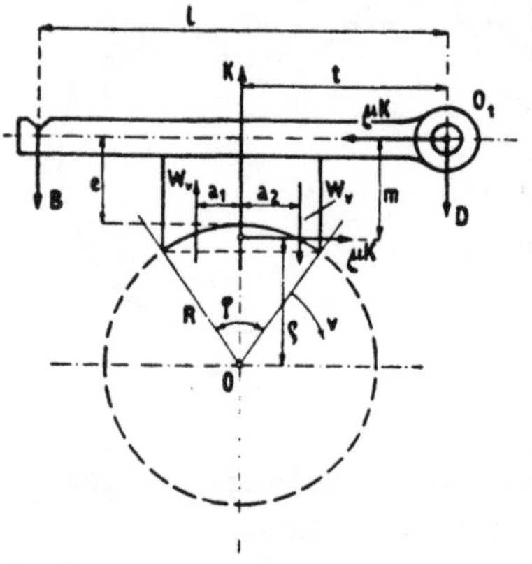

Abb. 33.

Die an der Bremsfläche der Scheibe als Widerstände angreifenden Kräfte μK und W_v wirken am Bremshebel in entgegengesetzter Richtung als Kräfte (Abb. 33). Die Reibungskraft μK, im Abstande m von der Drehachse O_1 wirkend, ergibt an dieser Achse eine Gegenkraft μK. Der Abstand m ändert sich mit ϱ.

Im Zustande des Gleichgewichtes während des Bremsens gelten folgende Beziehungen:

$$K = B + D \quad . \quad . \quad . \quad . \quad (47)$$

$$K t + W_v (a_1 + a_2) - B l - \mu K m = 0 \quad . \quad . \quad . \quad . \quad (48)$$

Hieraus erhält man

$$K = \frac{B l - W_v (a_1 + a_2)}{t - \mu m} = \frac{B l - M_w''}{t - \mu m} \quad . \quad . \quad . \quad (49)$$

wobei $m = R + e - \varrho$ ist.

Bei Anordnung der Drehachse O_1 des Bremshebels nach Abb. 33 wird der im Ruhezustand der Scheibe vorhandene Bremsdruck K durch die bei der Drehung der Bremsscheibe entstehenden Reibungskräfte zum Teil entlastet. Eine Änderung in der Lage der Kraft K und damit in der Verteilung der Auflagedrücke dK längs der Bremsfläche soll aber dadurch nicht bewirkt werden.

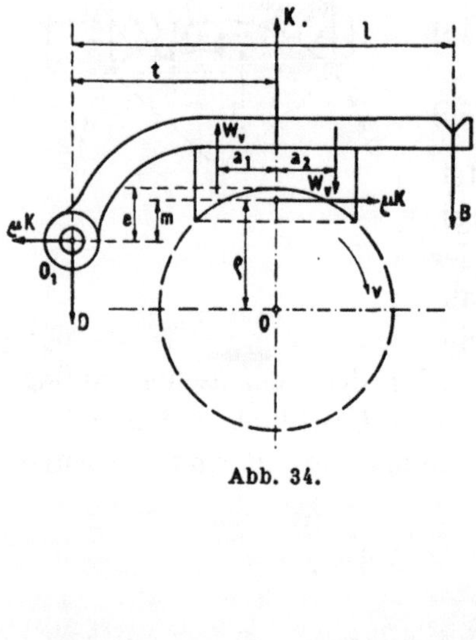

Abb. 34.

Mit der gleichen Kraft B und der gleichen Bremshebellänge l wird eine wesentlich kräftigere Bremswirkung erzielt, wenn die Drehachse O_1 des Bremshebels nach Abb. 34 angeordnet wird.

Hierfür gelten die Gleichgewichtsbedingungen:

$$K = B + D.$$

$$K t - W_v (a_1 + a_2) - B l - \mu K m = 0$$

und daraus ergibt sich

$$K = \frac{B l + W_w (a_1 + a_2)}{t - \mu m} = \frac{B l + M_w''}{t - \mu m} \quad . \; . \; . \quad (50)$$

mit $m = \varrho + e - R$.

Die bei der Drehung der Scheibe entstehenden Reibungskräfte verstärken zum Teil bei dieser Bremse den im Ruhezustande vorhandenen Bremsdruck $K = \frac{B l}{t}$.

Die Ergebnisse zeigen, daß die Vorausberechnung einer Backenbremse ohne Kenntnis der Verteilung der Auflagekräfte dK nicht möglich ist.

Eine für praktische Zwecke ausreichend genaue Vorausberechnung von Backenbremsen wird gewonnen, wenn der Sonderfall zugrunde gelegt wird, daß die Auflagekräfte dK gleichmäßig über die Bremsfläche verteilt und gleich groß sind (Abb. 35).

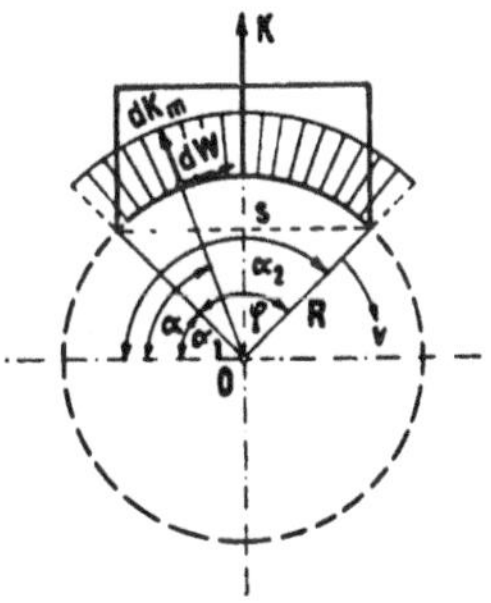

Abb. 35.

Mit konstantem $dK = dK_m$ und konstantem $p = p_m$ wird nach Gl. 39

$$K = \int_{\alpha_1}^{\alpha_2} p_m R b \sin\alpha \, d\alpha$$

und daraus

$$K = p_m R b (\cos \alpha_1 - \cos \alpha_2) = p_m b s \quad . \; . \; . \; . \; . \quad (51)$$

Die spezifische Auflagepressung ergibt sich zu

$$p_m = \frac{K}{b s} \quad . \; . \; . \; . \; . \; . \; . \; . \; . \; . \quad (52)$$

und das gesamte Reibungsmoment wird nach Gl. 42

$$M_w = \int_{\alpha_1}^{\alpha_2} \mu p_m R^2 b \, d\alpha = \mu p_m R^2 b \varphi \quad . \; . \; . \; . \; . \; . \quad (53)$$

oder auch

$$M_w = \mu K \frac{R^2 \varphi}{s} \quad . \; . \; . \; . \; . \; . \; . \; . \; . \; . \quad (54)$$

Für diesen Sonderfall können auch die Teilmomente M_w' und M_w'' in einfacher Weise bestimmt werden.

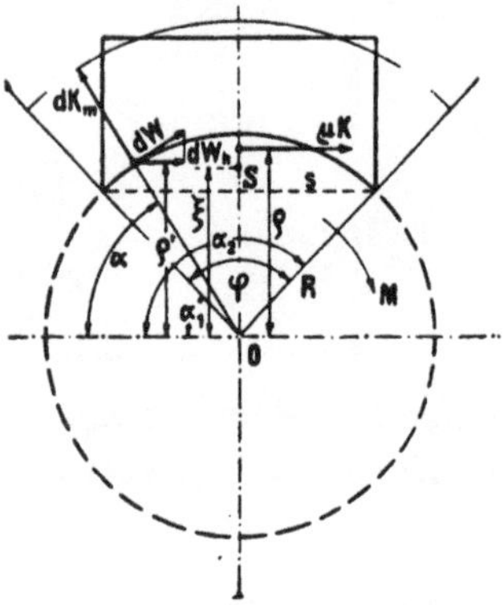

Abb. 36.

Nach Gl. 45 ist

$$M_w' = \mu\, K\, \varrho,$$

wobei ϱ der Abstand des Druckmittelpunktes der horizontalen Komponenten dW_h aller Reibungskräfte dW von der Drehachse O der Bremsscheibe ist (Abb. 36).

Es ist aber auch

$$M_w' = \int_{\alpha_1}^{\alpha_2} dW_h\, \varrho' \quad . \quad . \quad (55)$$

und mit $\varrho' = R \sin\alpha$, sowie

$$dW_h = \mu\, dK_m \sin\alpha = \mu\, p_m\, R\, b \sin\alpha\, d\alpha$$

ist daher

$$M_w' = \mu\, p_m\, R^2\, b \int_{\alpha_1}^{\alpha_2} \sin^2\alpha\, d\alpha = \mu\, p_m\, R^2\, b\, \frac{\sin\varphi + \varphi}{2} \quad . \quad . \quad (56)$$

oder auch

$$M_w' = \mu\, K\, \frac{R^2}{s}\, \frac{\sin\varphi + \varphi}{2} \quad . \quad . \quad . \quad . \quad . \quad . \quad . \quad (57)$$

Hieraus ergibt sich nach Gl. 45

$$\varrho = \frac{R^2}{s}\, \frac{\sin\varphi + \varphi}{2} \quad . \quad . \quad . \quad . \quad . \quad . \quad . \quad . \quad (58)$$

ϱ ist größer als der Abstand ξ des Bogenschwerpunktes S von der Drehachse O:

$$\xi = \frac{s}{\varphi} \quad . \quad . \quad . \quad . \quad . \quad . \quad . \quad . \quad . \quad . \quad . \quad (59)$$

Z. B. für $\varphi = \frac{\pi}{2}$ ist

$$\varrho = \sim 0{,}92\, R \text{ und } \xi = \sim 0{,}9\, R.$$

Für $\varphi = \pi$ ist:

$$\varrho = \sim 0{,}79\, R \text{ und } \xi = \sim 0{,}64\, R.$$

Aus der Differenz von M_w nach Gl. 54 und M_w' nach Gl. 57 erhält man:

$$M_w'' = \mu\, K\, \frac{R^2}{s}\, \frac{\varphi - \sin\varphi}{2} \quad . \quad . \quad . \quad . \quad . \quad . \quad (60)$$

Für die Bremshebelanordnung der Abb. 33 ist nach Gl. 49

$$K t + M_w'' - B l - \mu\, K\, (R + e - \varrho) = 0. \quad . \quad . \quad . \quad (61)$$

Mit dem Wert von ϱ nach Gl. 58 und von M_w'' nach Gl. 60 erhält man

$$K = B \frac{l}{t + \mu \frac{R^2 \varphi}{s} - \mu (R + e)} \quad \ldots\ldots (62)$$

Für die Bremshebelanordnung der Abb. 34 ist nach Gl. 50

$$Kt - M_w'' - Bl - \mu K (\varrho + e - R) = 0.$$

Daraus folgt:

$$K = B \frac{l}{t - \mu \frac{R^2 \varphi}{s} + \mu (R - e)} \quad \ldots\ldots (63)$$

Bei den Ableitungen wurden die Zapfenreibungsmomente an der Drehachse O der Scheibe und O_1 des Bremshebels vernachlässigt. Das Eigengewicht des Bremshebels und Backens ist in B mitenthalten.

Die für gleichmäßige Verteilung der spezifischen Auflagepressungen abgeleiteten Beziehungen führen besonders in denjenigen praktischen Anwendungsfällen zu annähernd richtigen Ergebnissen, bei denen der Bremsbacken in seiner ganzen Länge s vom Bremshebel umspannt wird und die Länge s sich vom Bremsflächenbogen $R\varphi$ nur wenig unterscheidet.

Da es für die Lebensdauer einer Bremse am vorteilhaftesten ist, wenn sich die Bremsfläche des Backens gleichmäßig abnutzt, so ist eine möglichst gleichmäßige Verteilung der Auflagedrücke dK anzustreben. Je größer der Bremsscheibenradius im Verhältnis zur Bremsbackenlänge s ist, desto gleichmäßiger werden die Auflagepressungen verteilt sein.

Innenbackenbremse.

Bei der Innenbackenbremse nach Abb. 37 wird die Drehachse O der Bremsscheibe zur Aufnahme der Gegenkräfte mitherangezogen, die von den am Bremsbacken und dessen Hebel wirkenden Reibungskräften herrühren.

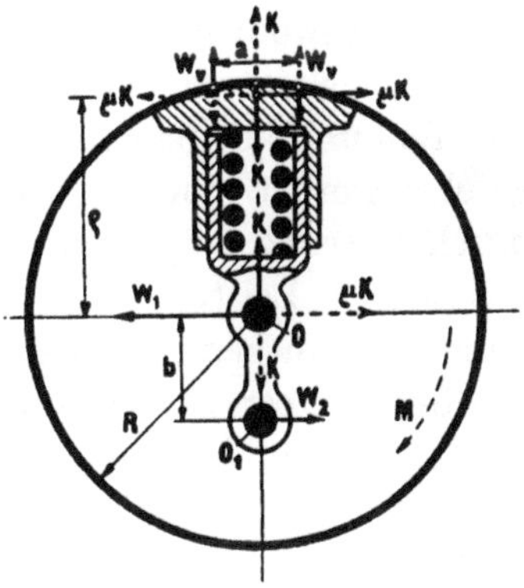

Abb. 37.

Der Bremsdruck K wird durch eine zwischen Backen und Bremshebel eingebaute Feder bewirkt. Die am Backen und Hebel angreifenden Kräfte sind in der Abbildung durch ausgezogene Linien, die an der Bremsscheibe wirkenden Kräfte und Momente gestrichelt angedeutet.

Die am Bremshacken angreifende resultierende Reibungskraft μK ruft an der Drehachse der Scheibe die Gegenkraft W_1 und an der Hebeldrehachse O_1 die Gegenkraft W_2 hervor. Die resultierende Reibungskraft μK der Bremsscheibe ergibt an ihrer Drehachse O eine gleich große Gegenkraft μK. Von vertikalen Kräften ist die Drehachse O der Scheibe entlastet. Für das Gleichgewicht gelten folgende Beziehungen:

1). $W_1 = \mu K + W_2$ . . . . (64)

2). $K = K$.

3). $\mu K(\varrho + b) - W_1 b + W_v a = 0$ . . . . (65)

Wird gleichmäßige Verteilung der Auflagekräfte dK auf der Bremsfläche angenommen, dann sind ϱ, W_v und mit Hilfe der Gleichgewichtsbeziehungen auch die Gegenkräfte an den Drehachsen O und O_1 bestimmbar. Der Bremsdruck K wird bei dieser Innenbackenbremse durch die entstehenden Reibungskräfte nicht beeinflußt.

Die Kraftverhältnisse an dieser Bremse haben große Ähnlichkeit mit denjenigen, welche bei verschiedenen, in der Praxis viel verwendeten Reibungskupplungen auftreten.

Bei Vorausberechnung von Backenbremsen irgend einer Bauart muß, selbst wenn die Verteilung der Auflagekräfte an der Bremsfläche bekannt ist, doch stets der Reibungskoeffizient μ gegeben sein. Versuche zur Bestimmung des Reibungskoeffizienten μ müssen aber auf richtiger Grundlage ausgeführt werden, wenn sie einwandfreie Ergebnisse liefern sollen.

Beurteilung von Versuchen mit Backenbremsen.

Die gewonnenen Ergebnisse gestatten die Beurteilung von Versuchen, die mit Hebelbackenbremsen nach Abb. 33 zur Bestimmung des Reibungskoeffizienten μ beim Gleiten von Holz auf Eisen ausgeführt worden sind[1]). Wird bei Versuchen das Reibungsmoment M_w durch Messung der in die Bremsscheibe eingeführten Leistung L oder des dieser Leistung entsprechenden Drehmomentes $M = M_w$ bestimmt, dann kann der Reibungskoeffizient μ berechnet werden, wenn das Gesetz über die Verteilung der Auflagekräfte dK längs der Bremsfläche gegeben ist.

Angenommen die Auflagekräfte seien gleich groß und gleichmäßig verteilt, so ist nach Gl. 54

$$M_w = \mu K \frac{R^2 \varphi}{s},$$

[1]) Vergleiche: Klein, »Reibungsziffern für Holz und Eisen«, Heft 10 der Mitteilungen über Forschungsarbeiten des Vereines Deutscher Ingenieure.

und daraus ergibt sich der Reibungskoeffizient

$$\mu = \frac{M_w\, s}{K\, R^2\, \varphi} \quad . \quad . \quad . \quad . \quad . \quad . \quad . \quad . \quad . \quad . \quad (66)$$

Wird statt dessen der Reibungskoeffizient aus der Beziehung

$$M_w = \mu_1 K\, R$$

bestimmt, dann ist der erhaltene Wert

$$\mu_1 = \frac{M_w}{K\, R}$$

gegenüber dem aus Gl. 66 sich ergebenden Werte von μ umso größer, je kleiner bei einer bestimmten Auflagelänge s des Bremsbackens der Radius R der Bremsscheibe ist. Die Beziehung $M_w = \mu_1 K\, R$ ist nur für eine Linienberührung des Backens ($s = 0$) richtig.

Auf jeden Fall setzt die Bestimmung von μ die Kenntnis des Bremsdruckes K voraus. Hierzu wiederum muß nach Gl. 62 der Reibungskoeffizient μ bekannt sein. Der Einfluß der Reibungskräfte auf den Bremsbacken und den Bremshebel kann unmöglich vollständig ausgeschieden werden. Durch Verlegung des Hebeldrehpunktes O_1 (Abb. 33) in die Richtung der Reibungskraft μK könnte zwar der Einfluß des Momentes M_w' unwirksam gemacht werden, wenn der Abstand ϱ bekannt ist, das Reibungsmoment M_w'' bleibt aber stets in seiner Wirkung bestehen. Versuche mit derartigen Backenbremsen können nur dann genügend genaue Ergebnisse liefern, wenn außer dem Momente M die am Drehzapfen des Bremshebels auftretende Gegenkraft von μK oder der Bremsdruck K selbst gemessen wird, wie aus folgender Betrachtung zu ersehen ist:

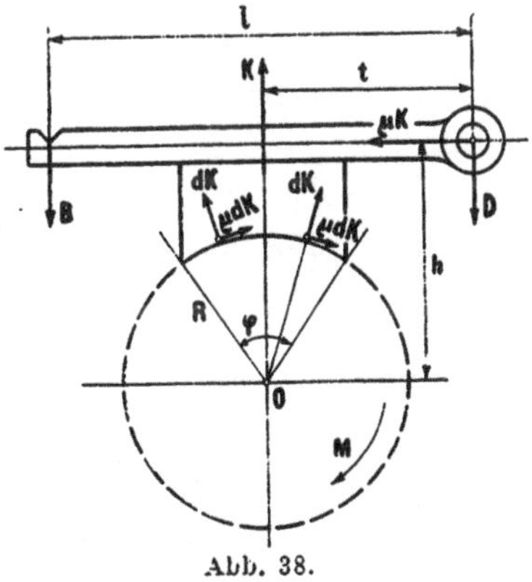

Abb. 38.

Werden die Momente der am Bremsbacken und dessen Hebel wirkenden Kräfte in bezug auf die Drehachse O der Scheibe (Abb. 38) aufgestellt, dann ist

$$B\,(l - t) - D\,t + \mu\, K\, h - \int_0^{\varphi} \mu\, dK\, R = 0.$$

Mit

$$D = K - B$$

und

$$\int_0^{\varphi} \mu \, dK \, R = M$$

ist auch

$$B\,l - K\,t + \mu\,K\,h - M = 0 \quad \ldots \ldots \quad (67)$$

Diese Beziehung ist, wie sich leicht zeigen läßt, identisch mit der nach Gl. 48 zu Abb. 33

$$B\,l - K\,t - W_v\,(a_1 + a_2) + \mu\,K\,m = 0.$$

Da nach Gl. 43

$$M = \mu\,K\,\varrho + W_v\,(a_1 + a_2)$$

und

$$\varrho = h - m,$$

so ist auch

$$\mu\,K\,h - M = \mu\,K\,m - W_v\,(a_1 + a_2) \quad \ldots \ldots \quad (68)$$

wodurch der Beweis der Identität der Gl. 48 und 67 geführt ist.

Aus Gl. 67 kann der Reibungskoeffizient μ berechnet werden, wenn außer dem abgebremsten Drehmoment M noch der Bremsdruck K entweder durch unmittelbare Messung oder, was wohl einfacher durchzuführen ist, durch Messung der Gegenkraft $\mu\,K$ am Drehzapfen O_1 des Hebels bestimmt wird.

Die Ergebnisse von Versuchen, die auf anderer Grundlage durchgeführt werden, haben nur Gültigkeit für den jeweiligen Sonderfall, für die bestimmte Versuchsbremsscheibe und Bremshebelanordnung und für wenig davon abweichende Anordnungen. Auch dürfen die Versuchsergebnisse bei Vorausberechnungen von Bremsen nur wieder in der bei der Auswertung der Versuche angewendeten Rechnungsform benutzt werden.

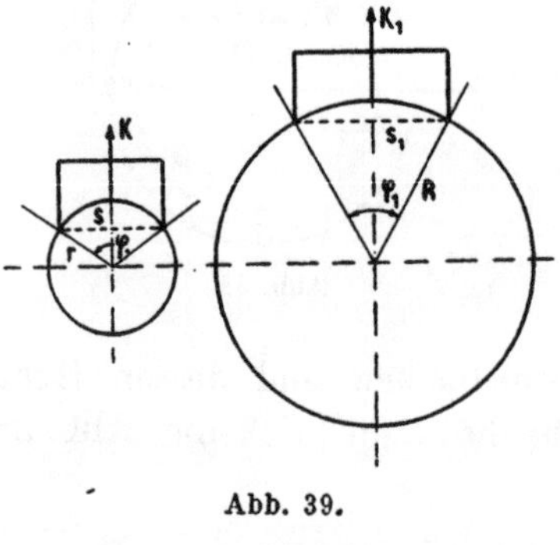

Abb. 39.

Wird z. B. der Reibungskoeffizient μ aus Versuchen mit einer kleinen Bremsscheibe, aber verhältnismäßig langem Bremsklotz ermittelt und dabei die Beziehung

$$M_w = \mu_1\,K\,r$$

benutzt, dann dürfen die so erhaltenen Werte des Reibungskoeffizienten μ_1 nicht ohne weiteres auch zur Berechnung und Konstruktion von Bremsen mit großem Scheibendurchmesser, aber verhältnismäßig kurzem Bremsbacken (z. B. für schwere Fördermaschinen im Bergwerksbetriebe) verwendet werden (Abb. 39).

Da

$$R\frac{\varphi_1}{s_1} = \frac{\varphi_1}{2\sin\left(\frac{\varphi_1}{2}\right)}$$

und

$$\frac{r\varphi}{s} = \frac{\varphi}{2\sin\left(\frac{\varphi}{2}\right)} > \frac{\varphi_1}{2\sin\left(\frac{\varphi_1}{2}\right)},$$

so wird bei Benutzung des durch die Versuche mit der kleinen Scheibe bestimmten Reibungskoeffizienten μ_1, die aus der Beziehung $M_w = \mu_1 K_1 R$ berechnete Bremskraft K_1 zu klein, und infolgedessen wird die Bremse zu schwach wirken (vgl. hierzu Gl. 54). Es ist daher sehr wichtig, daß bei Versuchen mit solchen Bremsen nicht nur der Bremsscheibendurchmesser, sondern auch die Abmessungen des Bremsbackens und -hebels angegeben werden, da die Versuchsergebnisse sonst nicht richtig angewendet werden können.

Beim Abbremsen der Leistung L einer Kraftmaschine durch eine Hebelbackenbremse (meistens in der Form des bekannten Pronyschen Zaunes angewendet) ist der Gleichgewichtszustand erreicht, wenn bei gleichförmiger Drehung der auf die Kraftmaschinenwelle aufgesetzten Bremsscheibe vom Radius R mit der Geschwindigkeit v die Reibungsleistung $M_w \frac{v}{R}$ gleich der in die Bremsscheibe eingeführten Leistung L geworden ist. Ist die eingeführte Leistung größer als die Reibungsleistung, dann nimmt die Geschwindigkeit v zu; ist sie kleiner als diese, dann nimmt v ab.

Der Gleichgewichtszustand bei einer Backenbremse kann aber gestört werden, ohne daß die eingeführte Leistung L sich ändert, nämlich dann, wenn das Reibungsmoment M_w durch andere Verteilung der Auflagedrücke dK an der Bremsfläche oder durch Veränderung des Reibungskoeffizienten μ (hervorgerufen durch ungleichmäßige Abnutzung oder anderen Schmierzustand der Bremsflächen) verschiedene Werte annimmt. Bei jeder Änderung von M_w ändern sich die Kraftverhältnisse am Bremshebel, also auch der Bremsdruck K. Um daher einen ungefähr gleichbleibenden Versuchszustand zu erreichen, ist fortwährendes Nachspannen oder Entspannen der Bremsbacken des Pronyschen Zaunes notwendig.

2. Bandbremsen.

a) Bandbackenbremsen.

Ein fester oder wenig nachgiebiger Klotz von der Länge s und der Breite b wird durch Bänder oder Seile, die unter dem Winkel γ zur vertikalen Symmetrieachse des Klotzes gerichtet sind, an eine Bremsscheibe vom Radius R gepreßt (Abb. 40).

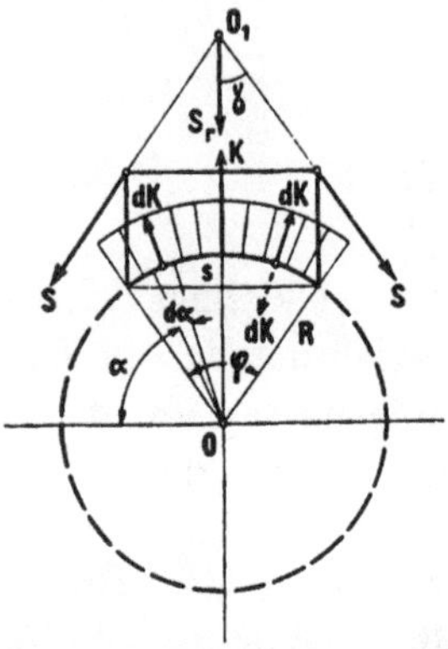

Abb. 40.

Im **Ruhezustand der Scheibe** werden durch die Seilspannungen S an der Auflagefläche des Bremsbackens Auflagedrücke dK hervorgerufen, die eine Resultierende K ergeben müssen, welche gleich und entgegengerichtet der Resultierenden S_r der beiden Bandspannungen S ist. Die Verteilung der Auflagekräfte dK über der Bremsfläche hängt vor allem von den elastischen und Festigkeitseigenschaften des Klotzes und der Scheibe ab. Bei nicht zu großer Länge des Klotzes $\left(\frac{s}{R} \text{ klein}\right)$ wird die Verteilung eine annähernd gleichmäßige sein.

Ist p die spezifische Auflagepressung für die Flächeneinheit der Bremsfläche, dann ist, wie bei den Backenbremsen,

$$dK = p\,R\,b\,d\alpha.$$

Bei der **Drehung der Scheibe** relativ zum feststehenden Bremsklotz entstehen an allen Punkten der Bremsfläche Reibungskräfte

$$dW = \mu\,dK,$$

die für die Scheibe ein widerstehendes Moment

$$M_w = \int_0^{\varphi} \mu\,dK\,R,$$

ergeben, das bei gleichförmigem Bewegungszustande dem in die Scheibe eingeführten Momente M gleich sein muß (Abb. 41). Am Bremsbacken dagegen ergeben die Reibungskräfte dW ein gleiches, aber entgegengesetzt drehendes Kraftmoment M_w (im Sinne von M drehend), das an den Befestigungsstellen der Seile Gegenkräfte hervorruft, die ein dem Kraftmomente entgegenwirkendes, gleich großes Reaktionsmoment liefern müssen. Die Seilspannungen werden dadurch derartig verändert, daß auf der dem Kraftmomente entgegengesetzten (der »gezogenen«) Seite die Seilspannung S um einen Betrag d auf T vergrößert, auf der in der Drehrichtung von M gelegenen (der »geschobenen«) Seite um d auf t verkleinert wird. Die neuen Seilspannungen T und t ergeben in bezug auf die Drehachse O der Scheibe ein Moment $(T - t)\,R'$, das gleich und entgegengerichtet dem Kraftmomente $M_w = M$ sein muß.

Das am Bremsbacken angreifende Moment $(T - t)\,R'$ bewirkt eine Entlastung der Auflagekräfte dK auf der geschobenen und eine zusätzliche Belastung auf der gezogenen Seite des Bremsbackens, so daß während der Drehung der Scheibe die Auflagedrücke dK nicht mehr gleichmäßig über die Bremsfläche verteilt sind, sondern daß sie von einem Werte dK_t, an der Endkante des Backens mit der Seilspannung t, auf einen Wert dK_T, an der Endkante des Klotzes mit der Seilspannung T wachsen (Abb. 41).

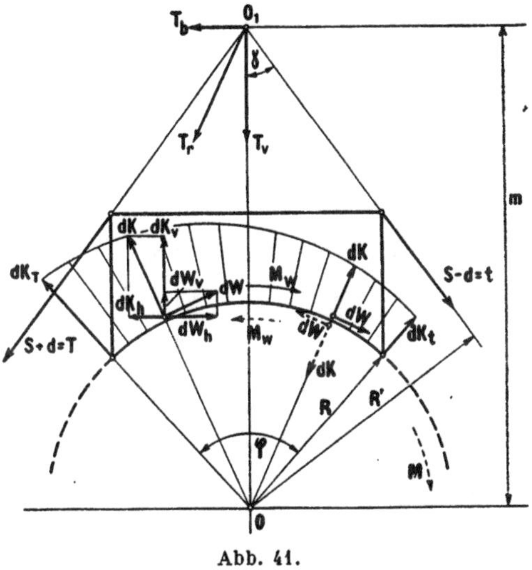

Abb. 41.

Für die während der Drehung der Scheibe am **Bremsbacken angreifenden Kräfte** müssen dann folgende Gleichgewichtsbedingungen bestehen:

$$1).\quad T_h = \int_0^{\varphi} dK_h + \int_0^{\varphi} dW_h \quad \ldots\ldots \quad (69)$$

$$2).\quad T_v = \int_0^{\varphi} dK_v + \int_0^{\varphi} dW_v \quad \ldots\ldots \quad (70)$$

3). Momente in bezug auf die Drehachse O:

$$T_h\, m = \int_0^{\varphi} dW\, R$$

oder da

$$T_h = (T - t) \sin\gamma = 2\, d \sin\gamma$$

und

$$m = \frac{R'}{\sin \gamma},$$

so ist:

$$(T - t)\, R' = 2\, d\, R' = \int_0^{\varphi} dW\, R = M_w = M \quad . \quad . \quad . \quad (71)$$

Hierbei bedeuten T_h und T_v die horizontale und die vertikale Komponente der Resultierenden T_r aus den Bandspannungen T und t.

Die Auflagekräfte dK können zu einer Resultierenden K^* zusammengesetzt werden, die wegen der einseitigen Verteilung der Drücke dK unter einem Winkel β zur vertikalen Symmetrieachse $\overline{OO_1}$ geneigt ist (Abb. 42). Ihre Komponenten seien K_h^* und K_v^*.

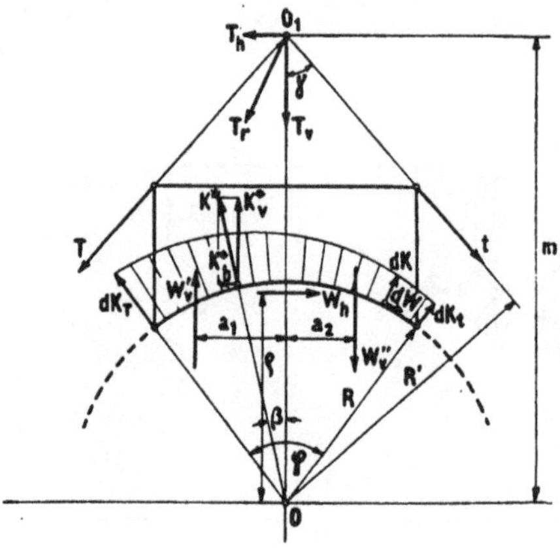

Abb. 42.

Die horizontalen Komponenten dW_h der Reibungskräfte dW ergeben eine Resultierende W_h, die durch den Druckmittelpunkt der Kräfte dW_h im Abstande ϱ von der Drehachse O geht.

Die auf der linken Seite der Symmetrieachse $\overline{OO_1}$ wirkenden vertikalen Komponenten dW_v der Reibungskräfte dW lassen sich zu einer nach oben wirkenden Resultierenden W_v' im Abstande a_1 von der Achse $\overline{OO_1}$, ebenso die auf der rechten Seite des Klotzes wirkenden vertikalen Komponenten dW_v, zu einer nach unten wirkenden Resultierenden W_v'' im Abstande a_2 von der Achse $\overline{OO_1}$ zusammensetzen. Die Art der Verteilung der Auflagedrücke dK hat zur Folge, daß W_v' größer als W_v'' und a_1 größer als a_2 ist.

Die Gleichgewichtsbedingungen für die am Bremsbacken angreifenden Kräfte können dann auch folgendermaßen geschrieben werden:

1). $T_h + K_h^* = W_h$ . . . . (72)

2). $T_v + W_v'' = K_v^* + W_v'$ . . . . (73)

3). $T_h\, m = (T - t)\, R' = W_h\, \varrho + W_v' a_1 + W_v'' a_2 = M_w$ . . (74)

Würde anstelle aller Auflagedrücke dK nur deren Resultierende K^* wirken (Abb. 43), dann ergäbe diese eine Reibungskraft $W = \mu \cdot K^*$, senkrecht zu K^* wirkend, deren horizontale Komponente W_h gleich ist der Resultierenden W_h aller Horizontalkomponenten dW_h der Reibungskräfte dW, und deren vertikale Komponente W_v gleich ist der Differenz $W_v' - W_v''$ der Resultierenden aus den vertikalen Komponenten dW_v aller Reibungskräfte dW.

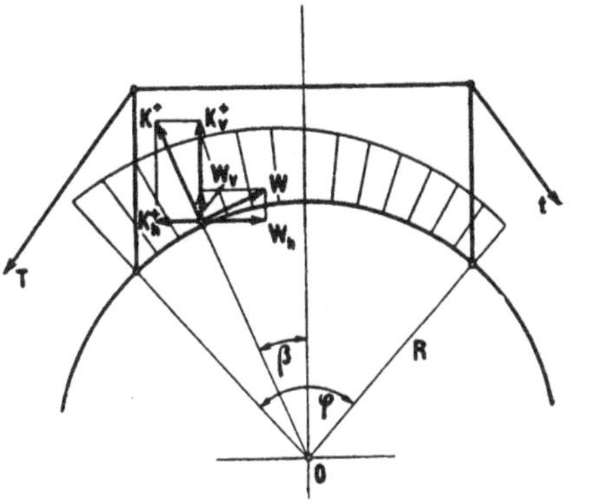

Abb. 43.

Die Wirkung aller Einzelreibungskräfte dW kann aber nicht ersetzt werden durch eine resultierende Reibungskraft $W = \mu K^*$. Dies wäre nur bei unendlich kleinem Zentriwinkel φ der Bremsfläche zulässig.

Kraftverhältnisse an der Bremsscheibe.

Die an der Auflagefläche des Bremsbackens wirkenden Kräfte dK und dW rufen an der Drehachse O der Scheibe die resultierenden Gegenkräfte K und H hervor. Für die an der Bremsscheibe angreifenden Kräfte müssen die folgenden Gleichgewichtsbeziehungen bestehen (Abb. 44):

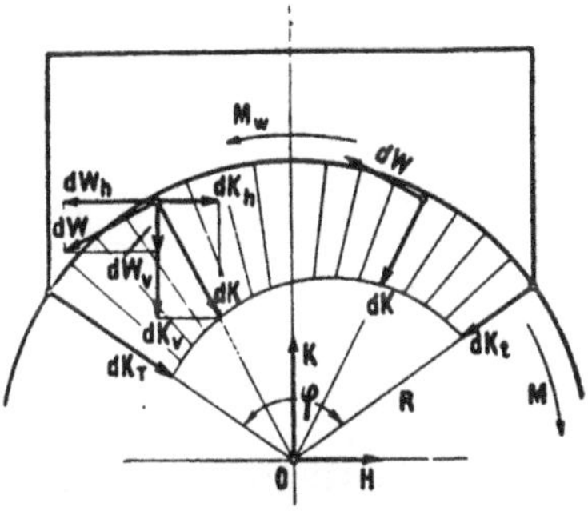

Abb. 44.

$$1).\quad H = \int_0^{\varphi} dK_h + \int_0^{\varphi} dW_h \quad \ldots\ldots \quad (75)$$

$$2).\quad K = \int_0^{\varphi} dK_v + \int_0^{\varphi} dW_v \quad \ldots\ldots \quad (76)$$

$$3).\quad M = \int_0^{\varphi} dW\, R = M_w \quad \ldots\ldots \quad (77)$$

Aus dem Vergleiche mit den durch die Gl. 69 und 70 gegebenen Gleichgewichtsbedingungen, für die am Bremsbacken wirkenden Kräfte, erhält man die Beziehungen:

$$H = T_h \quad \ldots \ldots \ldots \ldots \quad (78)$$

$$K = T_v \quad \ldots \ldots \ldots \ldots \quad (79)$$

Die an der Drehachse O der Bremsscheibe während der Drehung wirkenden Kräfte K und H sind gleich und entgegengerichtet den Komponenten T_v und T_h der Resultierenden T_r aus den Bandspannungen T und t.

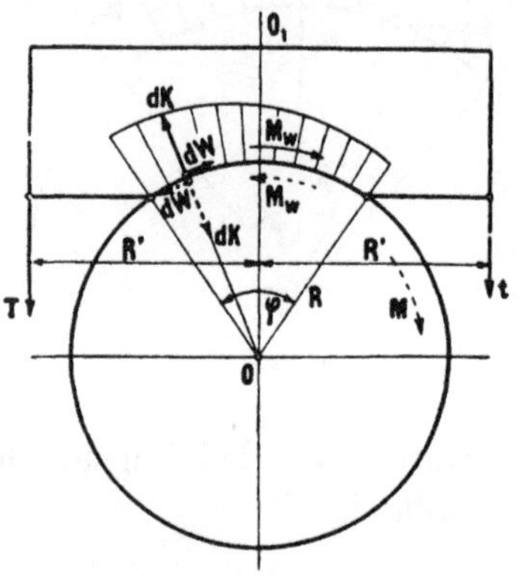

Abb. 45.

Bei der Ableitung der Gleichgewichtsbedingungen sind die Zapfenreibungen in den Lagern der Drehachse O vernachlässigt worden.

Es sei noch der Sonderfall untersucht, daß die den Bremsbacken an die Scheibe pressenden Seilzüge parallel zur Symmetrieachse $\overline{OO_1}$ gerichtet sind (Abb. 45). Dann ist $T_h = 0$, und die Gleichgewichtsbedingungen für die am Bremsbacken angreifenden Kräfte lauten:

$$1). \quad \int_0^{\varphi} dK_h + \int_0^{\varphi} dW_h = 0 \quad \ldots \ldots \quad (80)$$

$$2). \quad \int_0^{\varphi} dK_v + \int_0^{\varphi} dW_v = T_v = T + t \quad \ldots \quad (81)$$

$$3). \quad \int_0^{\varphi} dW\, R = (T - t)\, R' = M_w = M \quad \ldots \quad (82)$$

Bemerkenswert ist die durch Gl. 80 gegebene Beziehung, wonach die Resultierende aller Horizontalkomponenten dK_h und dW_h gleich Null sein muß, oder anders ausgedrückt: die Resultierende W_h aller Horizontalkomponenten dW_h der Reibungskräfte dW muß gleich und entgegengerichtet sein der Resultierenden K_h^* aller Horizontalkomponenten dK_h der Auflagedrücke dK.

Diese Bedingung hätte auch unmittelbar aus Gl. 72 abgeleitet werden können. An der Drehachse O der Scheibe wirkt in diesem Falle nur eine vertikale Lagerreaktion

$$K = T_v = T + t.$$

Bei den behandelten Bandbackenbremsen kann aber über das Verhältnis der Bandspannungen T und t während der Drehung der Bremsscheibe und über die Größe des abbremsbaren Momentes M nur dann etwas Bestimmtes ausgesagt werden, wenn das Gesetz der Verteilung der Auflagedrücke dK über die Bremsfläche bekannt ist.

Nur bei besonderen Ausführungsformen von Bandbremsen, wie z. B. bei den nachfolgend untersuchten »Bandbremsen mit glattem Bremsband«, kann dieses Gesetz mit genügender Genauigkeit vorausbestimmt werden.

b) Bandbremsen mit glattem Bremsband.

Bremsscheibe in Ruhe.

Ein Band von der Dicke δ und der Breite b ist über eine Scheibe vom Radius R gelegt (Abb. 46) und entweder an den Enden festgehalten und mit der Kraft K von der Drehachse O der Scheibe aus, oder bei festgehaltener Scheibe durch die beiden gleichen Bandkräfte S gespannt.

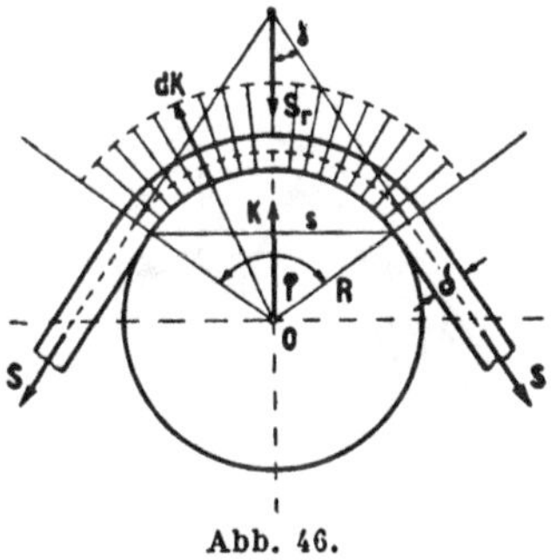

Abb. 46.

Es ist dann

$$K = S_r = 2\,S\cos\gamma.$$

An der Auflagefläche des Bandes entstehen Normaldrücke dK, die bei genügender Elastizität und Schmiegsamkeit des Bandes (Dicke δ klein im Verhältnis zum Scheibenradius R) an allen Stellen des Umspannungsbogens gleich groß sein werden, da auch die Seilspannung an allen Stellen gleich S ist.

Nach Gl. 52 ist dann

$$K = 2\,S\cos\gamma = p_m\,b\,s$$

und

$$p_m = \frac{K}{b\,s} = \frac{2\,S\cos\gamma}{b\,s} = \frac{S}{b\,R}, \quad . \; . \; (83)$$

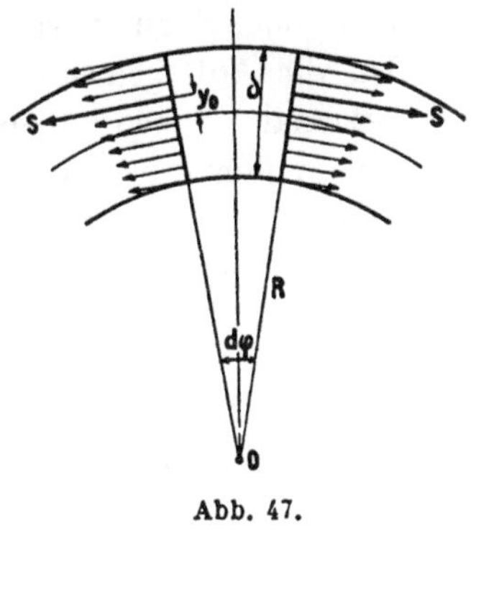

Abb. 47.

wobei p_m die an allen Stellen der Auflagefläche gleiche spezifische Auflagepressung im Ruhezustande der Scheibe bedeutet. Die Drehachse O ist bei ruhender Scheibe nur durch die vertikale Lagerkraft K beansprucht.

Denken wir uns aus dem Band ein Element vom Zentriwinkel $d\varphi$ herausgeschnitten (Abb. 47), dann werden wegen der beim Umlegen des Bandes auf die Scheibe entstehenden Biegungsbeanspruchung, die elementaren Spannungen an den Endquerschnitten des Bandelementes nicht gleichmäßig verteilt und gleich groß sein, sondern von oben nach der Auflagestelle zu abnehmen.

Die resultierenden Bandspannungen wirken daher in einem Abstande y_0 oberhalb der neutralen Achse des Bandes, der vor allem von der elastischen Beschaffenheit des Bandes abhängt. Die Biegungsspannungen und der Abstand y_0 werden um so kleiner sein, je dünner das Band im Verhältnis zum Radius der Scheibe ist.

Kraftverhältnisse bei Drehung der Scheibe.

Bei der Drehung der Scheibe entstehen an der Auflagefläche des Bandes Reibungskräfte $dW = \mu\, dK$, die im wesentlichen die gleichen Wirkungen und Folgen haben, die schon bei der Untersuchung der Bandbackenbremsen ausführlich beschrieben wurden. Die Auflagedrücke dK sind während der Drehung der Scheibe nicht mehr gleichmäßig verteilt, sondern sie wachsen von einem Werte dK_t an der Stelle der Bandspannung t, auf einen Wert dK_T an der Stelle der Bandspannung T, wie dies in Abb. 48 dargestellt ist. Die Resultierende K^* der Kräfte dK ist daher unter einem Winkel β zur vertikalen Symmetrieachse der Bremse geneigt.

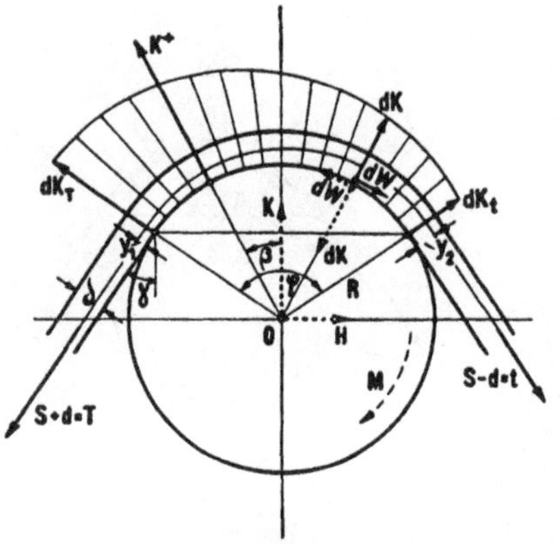

Abb. 48.

Da die Auflagedrücke dK den spezifischen Auflagepressungen p proportional sind, so müssen diese in gleicher Weise wie die Kräfte dK von einem Werte p_t auf einen Wert p_T wachsen.

Die Art der Änderung der Größen p, dK und der Bandspannungen wird aber besonders durch die elastische Beschaffenheit des Bandes beeinflußt.

Um das Gesetz der Verteilung der genannten Größen über die Bremsfläche bestimmen zu können, müssen die Kraftverhältnisse an den einzelnen Bandelementen vom Zentriwinkel $d\varphi$ untersucht werden.

Das Band sei längs der Auflagestelle durch Strahlschnitte $\overline{OE}$, $\overline{O1}$, $\overline{O2} \ldots \overline{O(n-2)}$, $\overline{O(n-1)}$ und $\overline{OF}$ in unendlich viele Elemente vom Zentriwinkel $d\varphi$ geteilt (Abb. 49). An der Auflagefläche jedes Bandelementes wirken während der Drehung der Scheibe der Normaldruck dK und die diesem Normaldruck entsprechende Reibungskraft $dW = \mu\, dK$, wobei der Reibungskoeffizient μ an allen Stellen der Bandauflage gleich groß angenommen sei. Die elementaren Band-

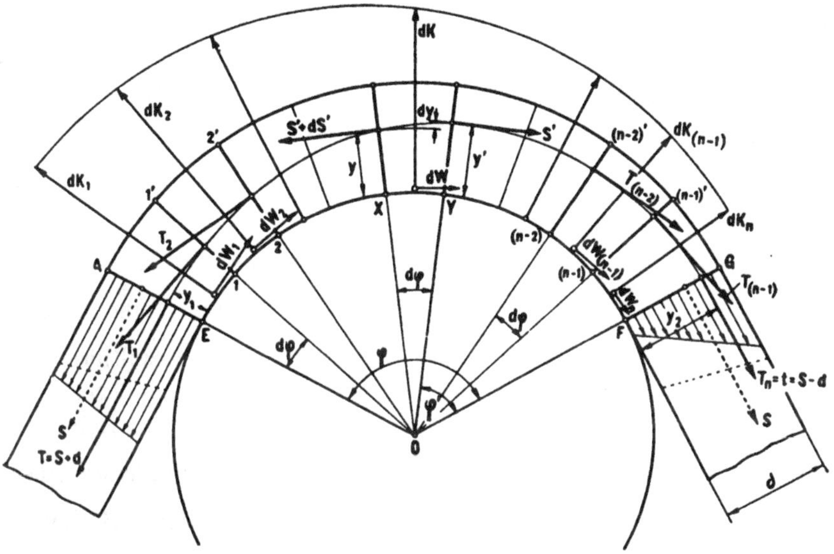

Abb. 49.

spannungen sind bei ruhender Scheibe in allen Bandquerschnitten, wie in Abb. 47 dargestellt, gleichartig verteilt, und die resultierende Bandspannung in jedem Querschnitt gleich S. In Abb. 49 ist die Begrenzungslinie der elementaren Bandspannungen und deren Resultierende S bei ruhender Scheibe für die Endquerschnitte durch $\overline{OE}$ und $\overline{OF}$ gestrichelt dargestellt. Durch die Reibungskräfte dW wird bei der Drehung der Scheibe in allen Querschnitten des festgehaltenen Bandes sowohl eine Änderung der Spannungsverteilung wie auch der Spannungsgröße hervorgerufen.

Im Querschnitt durch $\overline{OE}$ bewirken sämtliche an der Bandauflagefläche angreifenden Reibungskräfte $\sum\limits_1^n (dW)$ eine Vergrößerung der Spannungen, die aber mit Rücksicht darauf, daß die Reibungskräfte dW an der Unterfläche des Bandes wirken, eine von E bis A abnehmende sein muß.

Die neuen Einzelspannungen (in der Abb. 49 durch Pfeillinien dargestellt) ergeben eine Resultierende $S + d = T$, die, gegenüber der im Ruhezustande der Scheibe wirkenden resultierenden Spannung S nach innen verschoben, in einem Abstande y_1 von der Auflagefläche wirken möge.

Auf den Endquerschnitt durch $\overline{OF}$ wirken ebenfalls sämtliche Reibungskräfte $\sum\limits_1^n (dW)$, aber in entgegengesetzter Weise wie auf den Querschnitt durch $\overline{OE}$ ein. Sie rufen daher eine entsprechende von F nach G abnehmende Verkleinerung der im Ruhezustande der Scheibe wirkenden Spannungen hervor. Die in Abb. 49 durch voll ausgezogene Linien dargestellten Einzelspannungen ergeben eine Resultierende $T_n = t = S - d$, die gegenüber der im Ruhezustand der Scheibe wirkenden Spannung S nach außen verschoben, in einem Abstande y_2 von der Auflagefläche wirken soll.

Im Querschnitt durch $\overline{O\,1}$ rufen die rechts davon wirkenden Reibungskräfte $\sum\limits_2^n (dW)$ eine Vergrößerung der im Ruhezustande wirkenden Spannungen (deren Begrenzungslinie und Resultierende S in Abb. 50 gestrichelt dargestellt ist) hervor, eine Vergrößerung die etwas kleiner ist als die im Endquerschnitt $\overline{OE}$ durch die Reibungskräfte $\sum\limits_1^n (dW)$ herbeigeführte. Hiervon kommt noch ein kleiner Spannungsbetrag in Abzug, der durch die von links her angreifende Reibungskraft dW_1 bewirkt wird. Die Resultierende T_1 der neuen endgültigen Einzelspannungen wird daher nicht nur um einen unendlich kleinen Wert dT_1 kleiner sein als die Resultierende T im Querschnitt durch $\overline{OE}$, sondern sie wird auch, wegen der von der Auflagefläche nach außen zu abnehmenden Wirkung der Reibungskräfte, um einen unendlich kleinen Wert dy_1 weiter von der Auflagefläche entfernt angreifen als T.

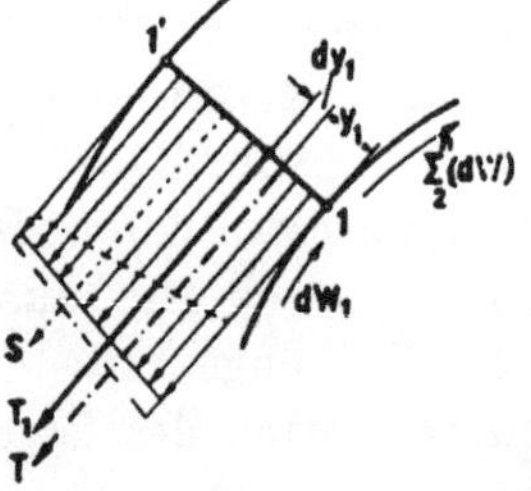

Abb. 50.

In Abb. 50 sind die neuen Einzelspannungen und deren Resultierende durch voll ausgezogene Pfeillinien und zum Vergleiche die Begrenzungslinie der Einzelspannungen und deren Resultierende T für den Querschnitt durch $\overline{OE}$ strichpunktiert dargestellt.

Ähnlich, nur umgekehrt, ist die Wirkung der Reibungskräfte für den Querschnitt durch $\overline{O\,(n-1)}$ (Abb. 51). Die von links her wirkenden Reibungskräfte $\sum_{1}^{n-1}(dW)$ rufen eine Verringerung der im Ruhezustande der Scheibe vorhandenen Spannungen hervor, die aber kleiner ist als die Verringerung durch die Reibungskräfte $\sum_{1}^{n}(dW)$ im Endquerschnitt $\overline{OF}$. Hierzu kommt noch eine kleine Vergrößerung der Spannungen, hervorgerufen durch die rechts vom Querschnitt wirkende Reibungskraft dW_n. Es wird daher die Resultierende T_{n-1} der neuen endgültigen Spannungen nicht nur um einen unendlich kleinen Betrag dT_{n-1} größer sein als t, sondern sie wird auch, wegen der von der Auflagefläche nach außen zu abnehmenden Wirkung der Reibungskräfte, um einen unendlich kleinen Wert dy_{n-1} näher zur Auflagefläche wirken als t.

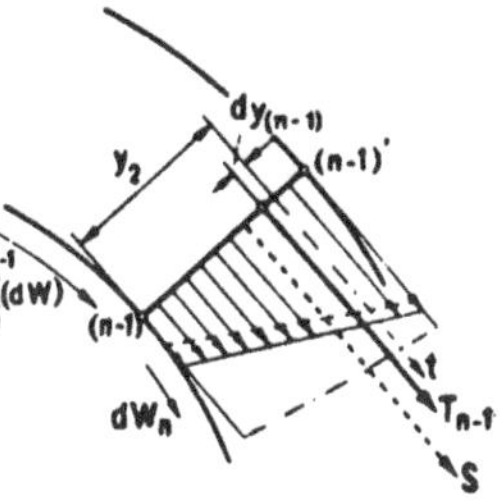

Abb. 51.

In ähnlicher Weise kann nachgewiesen werden, daß die neuen Spannungen im Querschnitt durch $\overline{O2}$ (Abb. 49) während der Drehung der Scheibe eine Resultierende T_2 ergeben, die nicht nur um eine unendlich kleine Größe dT_2 kleiner ist als T_1 im unendlich nahe benachbarten Querschnitt durch $\overline{O1}$, sondern auch um einen unendlich kleinen Wert dy_2 weiter entfernt von der Auflagefläche wirken muß als T_1.

Umgekehrt müssen die neuen Spannungen im Querschnitt durch $\overline{O(n-2)}$ (Abb. 49) eine Resultierende T_{n-2} besitzen, die um eine unendlich kleine Größe dT_{n-2} größer ist als T_{n-1} und um dy_{n-2} näher zur Auflagefläche wirkt als T_{n-1}.

Verfolgt man die Kraftverhältnisse der einzelnen Bandquerschnitte von rechts und links nach der Mitte zu, so erkennt man, daß es einen Querschnitt geben muß (in Abb. 49 etwa der durch $\overline{OY}$ unter dem Winkel φ' zu $\overline{OF}$ gehende Querschnitt), dessen resultierende Spannung S' auch während der Drehung der Scheibe unverändert gleich der im Ruhezustande herrschenden Spannung S ist und in demselben Punkte angreift wie letztere. Der diesem Querschnitt unendlich nahe benachbarte linke Querschnitt durch $\overline{OX}$ muß eine resultierende Spannung besitzen, die um einen unendlich kleinen Betrag dS' größer ist und in einem um dy kleineren Abstande von der Auflagefläche wirkt als S'. Im unendlich nahe benachbarten rechten Querschnitt von $\overline{OY}$ wird dagegen eine um dS' kleinere resultierende Bandspannung in einem um dy größeren Abstande von der Auflagefläche wirken als S'. Gehen wir somit vom Querschnitt durch $\overline{OY}$ nach links, so wird die resultierende Bandspannung in den aufeinander folgenden Querschnitten fortlaufend um eine unendlich kleine Größe dT bis auf die Spannung T im Endquerschnitt durch $\overline{OE}$ zunehmen, der Abstand des Angriffspunktes der jeweiligen resultierenden Spannung von der Auflagefläche des Bandes fortlaufend um einen unendlich kleinen Wert dy bis auf y_1 im Querschnitt durch $\overline{OE}$ abnehmen.

Nach rechts hin, vom Querschnitt durch $\overline{OY}$ ausgehend, werden die resultierenden Bandspannungen bis auf den Wert t im Endquerschnitt durch $\overline{OF}$ abnehmen, der Abstand des Angriffspunktes von der Auflagefläche des Bandes dagegen bis auf y_2 im Querschnitt durch $\overline{OF}$ zunehmen.

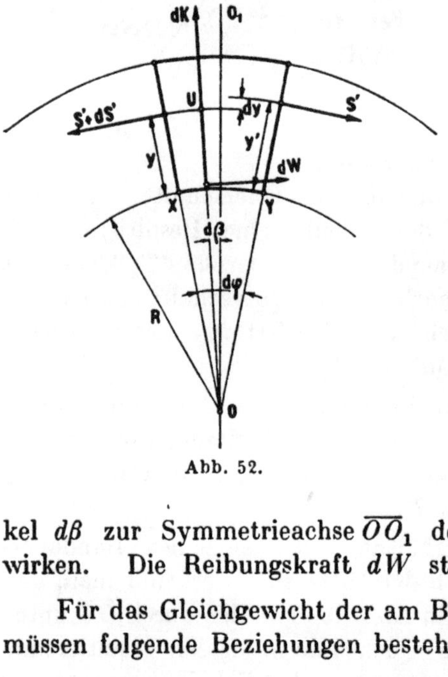

Abb. 52.

Die Querschnitte durch $\overline{OX}$ und $\overline{OY}$ bestimmen ein Bandelement vom Zentriwinkel $d\varphi$, an dem die in Abb. 52 dargestellten Kräfte angreifen. Mit Rücksicht auf das Anwachsen der spezifischen Auflagepressungen von Y nach X hin muß der zu diesem Bandelement gehörige Normaldruck dK um einen unendlich kleinen Winkel $d\beta$ zur Symmetrieachse $\overline{OO_1}$ des Elementes nach links geneigt wirken. Die Reibungskraft dW steht senkrecht zu dK.

Für das Gleichgewicht der am Bandelemente angreifenden Kräfte müssen folgende Beziehungen bestehen:

$$1). \quad dS' \cos\left(\frac{d\varphi}{2}\right) = dW \cos(d\beta) - dK \sin(d\beta) \quad . \; . \; . \quad (84)$$

$$2). \quad (2\,S' + dS') \sin\left(\frac{d\varphi}{2}\right) = dW \sin(d\beta) + dK \cos(d\beta) \quad (85)$$

3). Momente in bezug auf die Drehachse O:

$$dWR = (S' + dS')(R + y) - S'(R + y') \quad . \; . \; . \; . \; . \quad (86)$$

Setzt man

$$\cos\left(\frac{d\varphi}{2}\right) = \cos(d\beta) = 1$$

$$\sin\left(\frac{d\varphi}{2}\right) = \frac{d\varphi}{2}$$

$$\sin\ (d\beta) = d\beta$$

und vernachlässigt man unendlich kleine Größen höherer Ordnung gegenüber unendlich kleinen Größen erster Ordnung, dann ist:

$$1).\quad dS' = dW = \mu\, dK \quad \ldots\ldots \quad (87)$$

$$2).\quad S'\, d\varphi = dK \quad \ldots\ldots \quad (88)$$

$$3).\quad dW\, R = dS'y + dS'R - S'\,(y' - y) \quad \ldots\ldots \quad (89)$$

Dieselben Gleichgewichtsbedingungen ergeben sich, wenn der Winkel $d\beta = 0$ ist, also die Auflagekraft dK in der Symmetrieachse $\overline{OO_1}$ des Elementes wirkend angenommen wird. Nach Gl. 87 ist

$$dWR = dS'R.$$

Dies in Gl. 89 eingesetzt, erhält man:

$$S'\,(y' - y) = S'\,dy = dS'y \quad \ldots\ldots \quad (90)$$

Wird die Momentenbeziehung für die durch den Schnittpunkt U der Kräfte dK und $S' + dS'$ gehende Achse aufgestellt, dann ist:

$$dW\,y = S'\,dy \quad \ldots\ldots \quad (91)$$

Aus Gl. 90 und 91 ergibt sich die schon durch Gl. 87 bekannte Beziehung:

$$dW = dS'.$$

Integriert man diese Beziehung in den Grenzen von 0 bis φ, denen die Bandspannungen t und T entsprechen, dann ist:

$$\int_0^{\varphi} dW = T - t = (S + d) - (S - d) = 2d \quad \ldots \quad (92)$$

Die Differenz der resultierenden Bandspannungen in den Endquerschnitten des Bandes T und t ist gleich der Summe aller an der Bandauflagefläche wirkenden Reibungskräfte.

Es ist daher das gesamte Reibungsmoment:

$$M_w = \int_0^{\varphi} dW\,R = (T - t)\,R \quad \ldots\ldots \quad (93)$$

Diese Beziehung ist nur dann möglich, wenn die resultierenden Bandspannungen nicht, wie allgemein angenommen wird, in der Mittelachse des Bandes, sonder wenn, wie in Abb. 49 dargestellt, T in einem

Abstande y_1, t in dem größeren Abstand y_2 von der Auflagefläche des Bandes wirkt, wobei die folgende Bedingung erfüllt sein muß:

$$\frac{T}{t} = \frac{y_2}{y_1} \quad \ldots \ldots \ldots \quad (94)$$

Nach Gl. 90 ist

$$\frac{dS'}{S'} = \frac{dy}{y}.$$

Zwecks richtiger Integration dieser Gleichung in den Grenzen 0 bis φ muß berücksichtigt werden, daß die resultierenden Bandspannungen sich mit wachsendem Winkel φ in umgekehrtem Sinne ändern wie der Abstand y von der Auflagefläche des Bandes. Es muß deshalb das Differential dy mit dem umgekehrten Vorzeichen wie dS' eingeführt werden.

Es ist daher:

$$\int_0^{\varphi} \frac{dS'}{S'} = \int_{\varphi}^{0} \frac{dy}{y},$$

woraus sich die durch Gl. 94 gegebene Beziehung $\frac{T}{t} = \frac{y_2}{y_1}$ ergibt.

Dann ist auch:

$$T(R + y_1) - t(R + y_2) = (T - t)\,R = \int_0^{\varphi} dW R.$$

Sollen daher die am Bande wirkenden Kräfte sich das Gleichgewicht halten, so muß die durch Gl. 93 gegebene Momentenbedingung, n i c h t a b e r die vielfach angewendete Beziehung:

$$\int_0^{\varphi} dW R = (T - t)\left(R + \frac{\delta}{2}\right)$$

erfüllt sein.

Aus den Gl. 87 und 88 erhält man

$$\frac{dS'}{S'} = \mu\, d\varphi.$$

Integriert in den Grenzen 0 bis φ, ergibt sich daraus die bekannte Beziehung:

$$\frac{T}{t} = e^{\mu\varphi} \quad \ldots \ldots \ldots \quad (95)$$

Diese Gleichung gestattet die Bestimmung der resultierenden Bandspannung an irgendeiner Stelle des Bandes, wenn die Endspannung t an der geschobenen Seite des Bandes bekannt ist.

Aus Gl. 93 und 95 erhält man das gesamte Reibungsmoment

$$M_w = \int_0^{\varphi} dW\,R = (T - t)\,R = t\,(e^{\mu\varphi} - 1)\,R \quad . \quad . \quad . \quad (96)$$

Die Lagerkräfte an der Drehachse O (Abb. 48) sind:

$$H = (T - t)\sin\gamma = (T - t)\cos\left(\frac{\varphi}{2}\right) = t\,(e^{\mu\varphi} - 1)\cos\left(\frac{\varphi}{2}\right) . \quad (97)$$

$$K = (T + t)\cos\gamma = (T + t)\sin\left(\frac{\varphi}{2}\right) = t\,(e^{\mu\varphi} + 1)\sin\left(\frac{\varphi}{2}\right) . \quad (98)$$

Nach Gl. 88 ist

$$S'\,d\varphi = dK = p'\,R\,d\varphi\,b$$

und daraus

$$p' = \frac{S'}{R\,b} \quad . \quad . \quad . \quad . \quad . \quad . \quad . \quad . \quad . \quad (99)$$

Der spezifische Auflagedruck p' für die Flächeneinheit der Auflagefläche ist an irgendeiner Stelle des Bandes gleich der an dieser Stelle wirkenden resultierenden Bandspannung geteilt durch das Produkt aus Scheibenradius und Breite der Auflagefläche des Bandes.

Danach ist auch:

$$p_t = \frac{t}{R\,b} \quad . \quad . \quad . \quad . \quad . \quad . \quad . \quad . \quad . \quad (100)$$

$$p_T = \frac{T}{R\,b} \quad . \quad . \quad . \quad . \quad . \quad . \quad . \quad . \quad . \quad (101)$$

Wird für T der Wert aus Gl. 95 eingeführt, so ist:

$$p_T = \frac{t\,e^{\mu\varphi}}{R\,b} = p_t\,e^{\mu\varphi} \quad . \quad . \quad . \quad . \quad . \quad . \quad . \quad (102)$$

Die spezifischen Auflagepressungen ändern sich somit nach dem gleichen Gesetz wie die resultierenden Bandspannungen in den einzelnen Bandquerschnitten.

Nach der durch Gl. 94 und 95 gegebenen Beziehung ist:

$$\frac{y_2}{y_1} = \frac{T}{t} = e^{\mu\varphi}$$

und daraus

$$y_2 = y_1\,e^{\mu\varphi} \quad . \quad . \quad . \quad . \quad . \quad . \quad . \quad . \quad . \quad (103)$$

Die Abstände y der resultierenden Bandspannungen von der Auflagefläche des Bandes ändern sich daher in umgekehrter Weise nach dem gleichen Gesetz wie die zugehörigen Bandspannungen in den einzelnen Bandquerschnitten.

Der Winkel φ' (Abb. 49), der die Lage desjenigen Bandquerschnittes festlegt, dessen resultierende Bandspannung S' auch während der Drehung der Scheibe unverändert gleich der im Ruhezustande wirkenden Spannung S ist, ergibt sich aus der Bedingung:

$$S' = t\, e^{\mu \varphi'} = S = \frac{T+t}{2} = \frac{t}{2}(e^{\mu \varphi} + 1)$$

oder aus

$$e^{\mu \varphi'} = \frac{e^{\mu \varphi} + 1}{2} \quad . \; . \; . \; . \; . \; . \; . \; . \quad (104)$$

Kontrollrechnung.

Es soll die Richtigkeit der Ergebnisse, die aus der Untersuchung der Kraftverhältnisse an dem Bandelement nach Abb. 52 gewonnen

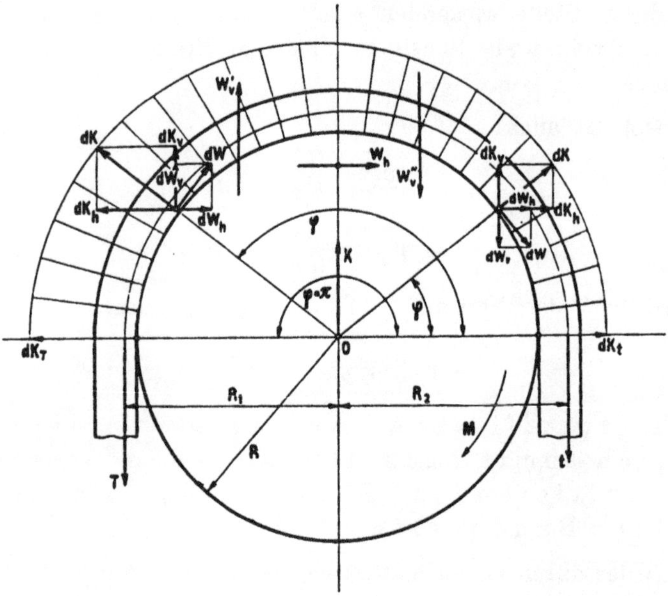

Abb. 53.

wurden (Gl. 95 bis 102), durch folgende Untersuchung eines Sonderfalles nachgeprüft werden.

Für halbe Umschlingung ($\varphi = \pi$) des Bandes auf einer Scheibe (Abb. 53) müssen die am Bande angreifenden Kräfte folgenden Gleichgewichtsbedingungen entsprechen:

$$1).\ \int_0^\pi dK_h + \int_0^\pi dW_h = 0 \quad \ldots \ldots \ldots \quad (105)$$

$$2).\ \int_0^\pi dK_v + \int_0^\pi dW_v = T + t \quad \ldots \ldots \ldots \quad (106)$$

$$3).\ TR_1 - tR_2 = (T - t)R = \int_0^\pi dW\,R = M \quad \ldots \quad (107)$$

Die Richtigkeit der Momentengleichung 107 ist schon allgemein nachgewiesen worden. Es ist daher nur noch nachzuweisen, daß auch die Gl. 105 und 106 identisch erfüllt sind.

Für einen Umfangspunkt unter dem Winkel φ zum Endradius der Spannung t ist:

$$dK_h = dK \cos\varphi = p\,R\,b \cos\varphi\, d\varphi = p_t\, e^{\mu\varphi}\, R\,b \cos\varphi\, d\varphi = t\, e^{\mu\varphi} \cos\varphi\, d\varphi$$

$$dW_h = dW \sin\varphi = \mu\, p\, R\, b \sin\varphi\, d\varphi = \mu\, t\, e^{\mu\varphi} \sin\varphi\, d\varphi.$$

Mit diesen Werten ergibt sich:

$$\int_0^\pi dK_h = t \int_0^\pi e^{\mu\varphi} \cos\varphi\, d\varphi = -\frac{\mu}{1+\mu^2}\,(e^{\mu\pi} + 1)\,t$$

$$W_h = \int_0^\pi dW_h = \mu\, t \int_0^\pi e^{\mu\varphi} \sin\varphi\, d\varphi = \frac{\mu}{1+\mu^2}\,(e^{\mu\pi} + 1)\,t.$$

Da $\int_0^\pi dK_h$ sich von $\int_0^\pi dW_h$ nur durch das Vorzeichen unterscheidet, so ist damit nachgewiesen, daß die aus den Kraftverhältnissen an einem Bandelement abgeleiteten Beziehungen die Gleichgewichtsbedingung nach Gl. 105 identisch erfüllen.

Um die Richtigkeit der Gl. 106 nachweisen zu können, muß $\int_0^\pi dW_v$ erst in eine andere Form gebracht werden. Die vertikalen Komponenten dW_v der Reibungskräfte dW sind für größere Winkel φ als $\frac{\pi}{2}$ entgegengesetzt gerichtet den vertikalen Komponenten dW_v für kleinere Winkel als $\frac{\pi}{2}$.

Sind $W_v' = \int_{\frac{\pi}{2}}^{\pi} dW_v$ und $W_v'' = \int_0^{\frac{\pi}{2}} dW_v$ die entsprechenden Resultierenden der Vertikalkomponenten dW_v, dann muß wegen der Verteilung der Normaldrücke dK die Resultierende W_v' größer als W_v'' und dieser Kraft entgegen gerichtet sein, so daß die Beziehung gilt:

$$\int_0^{\pi} dW_v = W_v' - W_v'' = \int_{\frac{\pi}{2}}^{\pi} dW_v - \int_0^{\frac{\pi}{2}} dW_v.$$

Für Winkel φ von 0 bis π ist:

$$dK_v = dK \sin\varphi = t\, e^{\mu\varphi} \sin\varphi\, d\varphi.$$

Für Winkel φ von 0 bis $\frac{\pi}{2}$ ist:

$$dW_v = dW \cos\varphi = \mu\, dK \cos\varphi = \mu\, t\, e^{\mu\varphi} \cos\varphi\, d\varphi.$$

Für Winkel φ von $\frac{\pi}{2}$ bis π ist:

$$dW_v = -\, dW \cos\varphi = -\, \mu\, t\, e^{\mu\varphi} \cos\varphi\, d\varphi.$$

Mit diesen Werten erhält man

$$\int_0^{\pi} dK_v = t \int_0^{\pi} e^{\mu\varphi} \sin\varphi\, d\varphi = \frac{1}{1+\mu^2}\left(e^{\mu\pi}+1\right) t,$$

$$\int_{\frac{\pi}{2}}^{\pi} dW_v = -\mu t \int_{\frac{\pi}{2}}^{\pi} e^{\mu\varphi} \cos\varphi\, d\varphi = \frac{\mu}{1+\mu^2}\left(\mu e^{\mu\pi} + e^{\mu\frac{\pi}{2}}\right) t,$$

$$\int_0^{\frac{\pi}{2}} dW_v = \mu t \int_0^{\frac{\pi}{2}} e^{\mu\varphi} \cos\varphi\, d\varphi = -\frac{\mu}{1+\mu^2}\left(\mu - e^{\mu\frac{\pi}{2}}\right) t.$$

Daher ist auch:

$$\int_0^{\pi} dW_v = \int_{\frac{\pi}{2}}^{\pi} dW_v - \int_0^{\frac{\pi}{2}} dW_v = \frac{\mu^2}{1+\mu^2}\left(e^{\mu\pi}+1\right) t$$

und

$$\int_0^{\pi} dK_v + \int_0^{\pi} dW_v = \left(e^{\mu\pi}+1\right) t = T + t.$$

Damit ist bewiesen, daß auch Gl. 106 identisch erfüllt ist.

c) Bandbremsen mit gefüttertem Bremsband.

In der Praxis werden vielfach Bandbremsen verwendet, bei denen ein dünnes und sehr elastisches Stahlband von der Dicke δ mit einer großen Zahl fester Klötze von der Dicke e', der Auflagelänge h und der

Auflagebreite b an der Bremsscheibe, gefüttert ist. Diese Klötze sind meistens aus Holz oder Leder, seltener aus einem Metall hergestellt und werden durch Anziehen des elastischen Bandes an die Bremsscheibe vom Radius R gepreßt (Abb. 54).

Es soll vorausgesetzt werden, daß die Klötze mit dem Bande nur derartig verbunden sind, daß sich die Bandspannung an jeder Stelle des Bandes genau so einstellen kann, als wenn das Band auf den Klötzen nur frei aufliegen würde. Doch sollen bei Drehung der

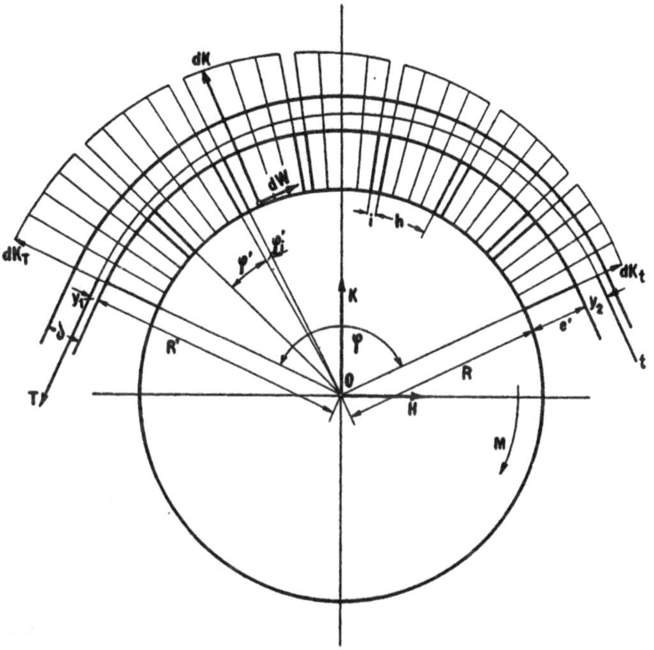

Abb. 54.

Scheibe die Klötze mit dem Bande unverrückbar an ihrer Stelle bleiben. Außerdem sei die Auflagelänge h der Klötze sehr klein, die Klotzzahl eine sehr große.

Bei Drehung der Scheibe entstehen an der Auflagefläche der Klötze Reibungskräfte $dW = \mu\, dK$, durch die sowohl die Bandspannungen von einem Wert t auf T, als auch die Normaldrücke von dK_t auf dK_T, von der geschobenen zur gezogenen Seite des Bandes hin, wachsen.

Der Verlauf der Normaldrücke und der Bandspannungen ist nur längs der Klötze ein stetiger, da an den Lücken (Länge i, Winkel φ_i') der Normaldruck $dK = 0$ und die Bandspannung gleich dem Werte der Spannung an der zugehörigen Endstelle der benachbarten Klötze sein muß. Für eine solche Bremse ergibt die Beziehung $T = t\,e^{\mu\varphi}$ nur bei Klötzen von sehr geringer Dicke e' im Verhältnis zum Scheibenradius R ausreichend genaue Resultate.

Es läßt sich aber eine für praktische Rechnungen genügend genaue Beziehung für den Verlauf der Bandspannungen und der anderen Größen ableiten, die den Einfluß der Klotzdicke e' mitberücksichtigt.

Kraftverhältnisse an einem der Klötze.

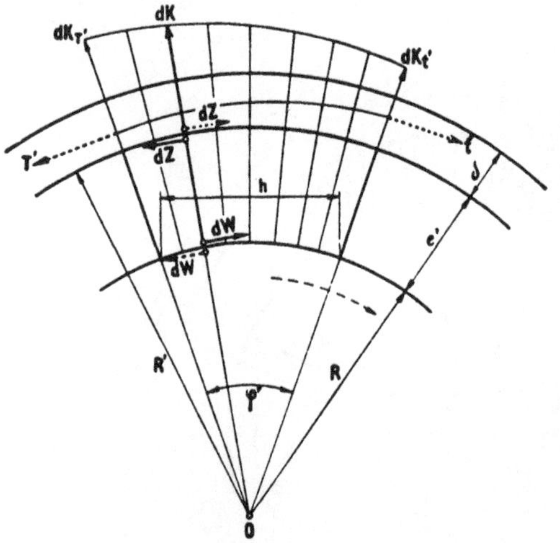

Abb. 55.

In Abb. 55 ist einer der Bremsklötze mit dem zugehörigen Bandstück dargestellt.

Bei der Drehung der Scheibe entstehen an der Auflagefläche des Klotzes Reibungskräfte $dW = \mu dK$, an der Auflagefläche des Bandes dagegen Zahnkräfte dZ, die ein seitliches Verschieben des Klotzes relativ zum Bande verhindern. Die Bandspannungen an den Endkanten des Klotzes seien t' und T'.

Für den Klotz allein ergeben sich die in Abb. 56 dargestellten Kraftverhältnisse.

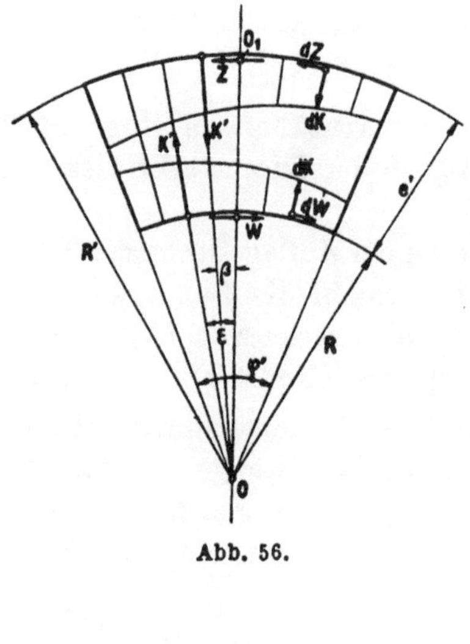

Abb. 56.

Die Normaldrücke dK an der Auflagefläche des Bandes ergeben eine Resultierende K', die unter einem Winkel β zur Symmetrieachse $\overline{OO_1}$ des Klotzes gerichtet ist. Die Normaldrücke dK an der Berührungsfläche mit der Scheibe ergeben eine gleich große Resultierende K', die aber unter einem Winkel ε größer als β zur Achse $\overline{OO_1}$ geneigt wirken muß, damit auch die Momente der am Klotze wirkenden Kräfte sich das Gleichgewicht halten können.

Wenn die Auflagelänge des Klotzes $h = R\,\varphi'$ sehr klein ist, dann können alle Reibungskräfte dW mit großer Annäherung durch eine resultierende Reibungskraft W, alle elementaren Zahnkräfte dZ durch eine resultierende Zahnkraft Z ersetzt werden, die durch den Punkt O_1 der Symmetrieachse $\overline{OO_1}$ des Klotzes geht.

Für das Gleichgewicht müssen die Momente der am Klotz angreifenden Kräfte in bezug auf O_1 folgende Bedingung erfüllen:

$$W e' = \sim K' R' (\varepsilon - \beta) \quad . \quad . \quad . \quad . \quad . \quad . \quad (108)$$

Mit größerer Genauigkeit ergibt sich für die Momente in bezug auf die Drehachse O der Scheibe die Gleichgewichtsbedingung:

$$M' = R' \int_0^{\varphi'} dZ = R \int_0^{\varphi'} dW = \mu R \int_0^{\varphi'} dK \quad . \quad . \quad . \quad (109)$$

Es soll nun bezüglich der elastischen Beschaffenheit der Klötze und des Bandes angenommen werden, daß die im Ruhezustande der Scheibe an allen Stellen des Bandes gleichen Bandspannungen, nicht nur an der Auflagefläche des Bandes, sondern auch an der Auflagefläche der Klötze, gleich große und gleichmäßig verteilte Auflagekräfte dK hervorrufen. Jeder Spannungsänderung an irgend einer Bandstelle soll sofort eine entsprechend große Änderung der spezifischen Auflagepressung p und des Auflagedruckes dK an der radial zugehörigen Auflagestelle des Bandes und des Klotzes, oder umgekehrt jeder Änderung von p und dK eine entsprechend große Änderung der zugehörigen Bandspannung folgen.

Dies wird, besonders bei dicken und harten Klötzen, nur für eine kleine Auflagelänge h des Klotzes mit genügender Annäherung erreichbar sein.

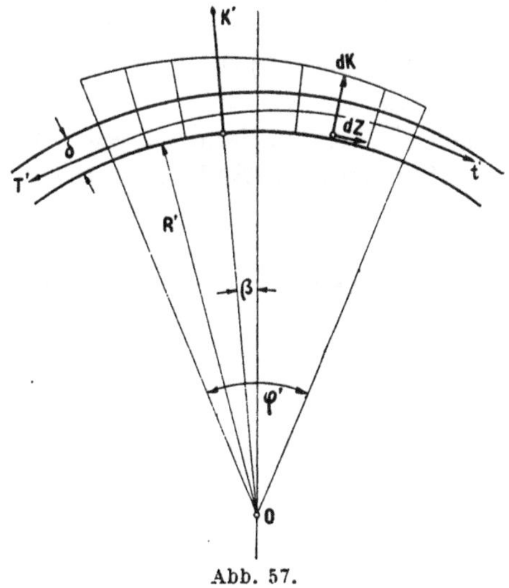

Abb. 57.

Dann wird bei Drehung der Scheibe auch die folgende, der Gl. 109 entsprechende Gleichgewichtsbeziehung mit genügender Annäherung an die wirklichen Verhältnisse gelten:

$$R'\,dZ = \mu\,R\,dK$$

und daraus

$$dZ = \mu \frac{R}{R'}\,dK = \mu'\,dK \quad (110)$$

mit

$$\mu' = \mu \frac{R}{R'} \quad . \quad (111)$$

Für die am zugehörigen Bandstücke angreifenden Kräfte (Abb. 57) ergeben sich ähnliche Beziehungen, wie sie für Bandbremsen mit glattem Bremsband abgeleitet wurden. Entsprechend den Gl. 87 und 88 gelten hier die folgenden Gleichgewichtsbedingungen:

$$dS' = dZ \quad \ldots \ldots \ldots \quad (112)$$

$$S'\,d\varphi' = dK \quad \ldots \ldots \ldots \quad (113)$$

und daraus

$$\frac{dS'}{S'} = \frac{dZ}{dK}\,d\varphi'.$$

Wird für $\frac{dZ}{dK}$ nach Gl. 110 der Wert μ' eingesetzt, dann ist

$$\frac{dS'}{S'} = \mu'\,d\varphi' \quad \ldots \ldots \quad (114)$$

Integriert man diese Gleichung in den Grenzen 0 bis φ', denen die Bandspannungen t' und T' entsprechen, so erhält man:

$$T' = t'\,e^{\mu'\varphi'} \quad \ldots \ldots \ldots \quad (115)$$

Sind n Klötze vorhanden und T_1, T_2 usw. bis $T_n = T$ die fortlaufenden resultierenden Bandspannungen an den gezogenen Seiten des Bandstückes eines jeden Klotzes, dann ist:

$$T_1 = t\,e^{\mu'\varphi'}$$

$$T_2 = T_1\,e^{\mu'\varphi'} = t\,e^{\mu' 2\varphi'}$$

$$T_3 = T_2\,e^{\mu'\varphi'} = t\,e^{\mu' 3\varphi'} \text{ u. s. f. bis}$$

$$T_n = T_{n-1}\,e^{\mu'\varphi'} = t\,e^{\mu' n\varphi'} = T. \quad \ldots \ldots \quad (116)$$

Ist φ der ganze Umspannungswinkel, $\varphi_i = (n-1)\,\varphi_i'$ der allen Lücken zwischen den Klötzen entsprechende Winkel, dann ist auch:

$$T = t\,e^{\mu'(\varphi-\varphi_i)} \quad \ldots \ldots \ldots \quad (117)$$

Über die Abstände y_1, y_2 usw. der Bandspannungen von der Auflagefläche des Bandes (Abb. 54) ist sinngemäß das gleiche zu sagen wie bei den Bandbremsen mit glattem Bremsband.

Das gesamte Reibungsmoment ist:

$$M_w = \sum_1^n M'.$$

Nach den Gl. 109 und 112 ist für irgend einen Klotz:

$$M' = R' \int_0^{\varphi'} dS' = (T' - t')\,R' \quad \ldots \ldots \quad (118)$$

Es ist daher:

für den 1. Klotz $M_1' = (T_1 - t)\,R' = t\,(e^{\mu'\varphi'} - 1)\,R'$,

» » 2. » $M_2' = (T_2 - T_1)\,R' = t\,e^{\mu'\varphi'}(e^{\mu'\varphi'} - 1)\,R'$,

» » 3. » $M_3' = (T_3 - T_2)\,R' = t\,e^{\mu' 2\varphi'}\,(e^{\mu'\varphi'} - 1)\,R'$ u. s. f.

» » n. » $M_n' = (T_n - T_{n-1})\,R' = t\,e^{\mu'(n-1)\varphi'}(e^{\mu'\varphi'} - 1)\,R'$.

Hieraus erhält man das gesamte Reibungsmoment:

$$M_w = \sum_1^n (M') = t\,(e^{\mu'\varphi'} - 1)\,R'\,(1 + e^{\mu'\varphi'} + e^{\mu 2\varphi'} + \ldots\ldots + e^{\mu'(n-1)\varphi'})$$

und schließlich

$$M_w = t\,(e^{\mu' n \varphi'} - 1)\,R' \quad \ldots\ldots \quad (119)$$

Diese Beziehung kann nach den Gl. 116 und 117 auch in folgender Form geschrieben werden:

$$M_w = (T - t)\,R' = t\,(e^{\mu'(\varphi - \varphi_t)} - 1)\,R' \quad \ldots \quad (120)$$

Die Lagerkräfte an der Drehachse O der Scheibe (Abb. 54) sind:

$$H = (T - t)\cos\left(\frac{\varphi}{2}\right) = t\,(e^{\mu'(\varphi - \varphi_t)} - 1)\cos\left(\frac{\varphi}{2}\right) \quad \ldots \quad (121)$$

$$K = (T + t)\sin\left(\frac{\varphi}{2}\right) = t\,(e^{\mu'(\varphi - \varphi_t)} + 1)\sin\left(\frac{\varphi}{2}\right) \quad \ldots \quad (122)$$

Spezifische Auflagepressung p'.

Nach Gl. 113 ist

$$S'\,d\varphi' = dK = p'\,R\,b$$

und daraus die spezifische Auflagepressung an irgendeiner Auflagestelle:

$$p' = \frac{S'}{R\,b} \quad \ldots\ldots\ldots\ldots \quad (123)$$

Es müssen daher für die den Endspannungen t und T entsprechenden spezifischen Auflagepressungen p_t und p_T die folgenden Beziehungen bestehen:

$$p_t = \frac{t}{R\,b}$$

$$p_T = \frac{T}{R\,b} = \frac{t\,e^{\mu'(\varphi - \varphi_t)}}{R\,b} \quad \ldots\ldots \quad (124)$$

Die spezifischen Auflagepressungen ändern sich somit auch bei dieser Bandbremse nach dem gleichen Gesetz wie die zugehörigen Bandspannungen.

Bei praktischen Ausführungen solcher Bandklotzbremsen wurde bisher stets mit der Beziehung $T = t\,e^{\mu\varphi}$ gerechnet. Ist die Klotzdicke e' sehr klein, dann ist der Fehler gegenüber der genaueren Formel $T = t\,e^{\mu'(\varphi - \varphi_t)}$ nur gering. Bei Verwendung dickerer Klötze im Verhältnis zum Scheibenradius können sich aber, besonders bei größerem Umschlingungswinkel φ, erhebliche Unterschiede ergeben, wie durch folgendes Beispiel gezeigt werden soll.

Bei einer Bremse von 200 mm Scheibenradius werde ein mit 50 mm starken Holzklötzen armiertes Bremsband über einen Umfang der eisernen Bremsscheibe von 270° geschlungen. Der Reibungskoeffizient μ für Holz auf Eisen sei 0,25.

Dann ist:

$$R' = R + e' = 250 \text{ mm.}$$

$$\mu' = \frac{R}{R'}\,\mu = 0{,}8\,\mu = 0{,}2.$$

Bei den Vergleichsrechnungen soll der Lückenwinkel φ_i vernachlässigt werden.

Man erhält:

Nach der Beziehung $T = t\,e^{\mu\varphi}$ die Spannung $T = \sim 3{,}3\,t$.

» » » $T = t\,e^{\mu'\varphi}$ » » $T = \sim 2{,}6\,t$.

Noch größer ist der prozentuale Unterschied in den erreichbaren Reibungsmomenten.

Nach der Beziehung $T = t\,e^{\mu\varphi}$ ist $M_w = (T - t)\,R' = \sim 0{,}58\,t\,R'$.

» » » $T = t\,e^{\mu'\varphi}$ » $M_w = (T - t)\,R' = \sim 0{,}4\,t\,R'$.

Bei gleichem Reibungskoeffizienten μ geben Bremsen mit gefüttertem Band ein kleineres Reibungsmoment als Bremsen mit glattem Band. Denn würde bei der Bremse des behandelten Beispieles das Band keine Klötze besitzen, dann wäre für das gleiche μ von 0,25

$$M_w = (T - t)\,R = t\,(e^{\mu\varphi} - 1)\,\frac{R}{R'}\,R' = \sim 0{,}47\,t\,R'.$$

Es ist aber zu beachten, daß wenn der Reibungskoeffizient μ durch Versuche mit einer solchen Bandklotzbremse aus der Beziehung $T = t\,e^{\mu\varphi}$ ermittelt wurde, er zu klein bestimmt ist. Da bei Vernachlässigung des Lückenwinkels φ_i die genauere Beziehung $T = t\,e^{\mu'\varphi}$ ist, so muß nach Gl. 111 der Reibungskoeffizient $\mu = \mu'\,\frac{R'}{R}$ sein, wobei μ' der aus der Beziehung $T = t\,e^{\mu'\varphi}$ berechnete Wert ist.

Für $R' = R$, also $e' = 0$ und $\varphi_i = 0$ gehen alle Beziehungen dieses Abschnittes in die entsprechenden Gleichungen für Bandbremsen mit glattem Bremsband über.

d) Anwendung der erhaltenen Ergebnisse zur Berechnung und Beurteilung von Bandbremsen.

Einfache Bandbremse.

Ein dünnes Stahlband von der Dicke δ und der Breite b ist um eine Scheibe vom Radius R geschlungen und mit den Enden an einen einarmigen Hebel angelenkt (Abb. 58). Das Bandende mit der Spannung T ist an der Drehachse O_1 des Hebels, dasjenige mit der Spannung t an einem Bolzen mit dem Hebelarm m befestigt. Durch ein im Abstande l von der Drehachse O_1 des Hebels angebrachtes Gewicht G wird im geschobenen Bandende stets eine Spannung

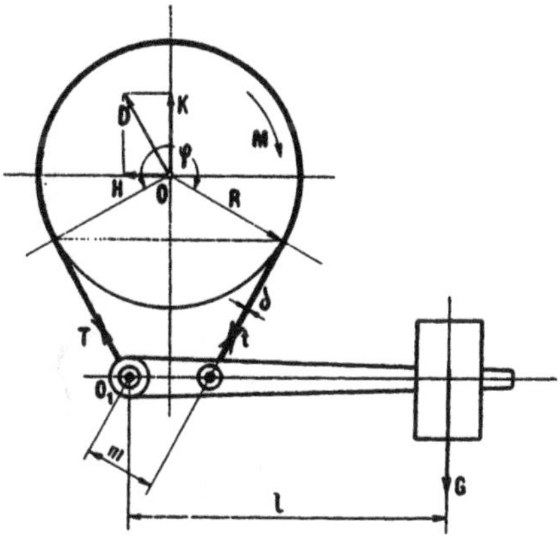

Abb. 58.

$$t = \frac{G\,l}{m}$$

erzeugt, wobei das Zapfenreibungsmoment am Drehzapfen O_1 und das Eigengewicht des Hebels im Momente $G\,l$ mitberücksichtigt ist.

Soll nicht gebremst werden, dann wird das Gewicht G der Bremse meistens durch einen unter Strom stehenden Elektromagneten hochgehalten und die Bremse dadurch gelöst. Beim Unterbrechen des Stromes fällt die Bremse ein.

Für eine solche einfache Bandbremse gelten die durch die Gl. 95 bis 102 gegebenen Beziehungen. Danach ist:

$$T = t\,e^{\mu\varphi} = \frac{G\,l}{m}\,e^{\mu\varphi} \quad \text{(125)}$$

$$M_w = (T - t)\,R = \frac{G\,l}{m}\,(e^{\mu\varphi} - 1)\,R \quad \text{(126)}$$

$$H = (T - t)\cos\left(\frac{\varphi}{2}\right) = \frac{G\,l}{m}\,(e^{\mu\varphi} - 1)\cos\left(\frac{\varphi}{2}\right) \quad \text{(127)}$$

$$K = (T + t)\sin\left(\frac{\varphi}{2}\right) = \frac{G\,l}{m}\,(e^{\mu\varphi} + 1)\sin\left(\frac{\varphi}{2}\right) \quad \text{(128)}$$

$$p_t = \frac{t}{R\,b} = \frac{G\,l}{m\,R\,b} \quad \text{(129)}$$

$$p_T = \frac{T}{R\,b} = \frac{G\,l}{m\,R\,b}\,e^{\mu\varphi} \quad \text{(130)}$$

Eigenartig ist der Verlauf der an der Drehachse O der Bremsscheibe wirkenden Lagerkräfte H und K mit wachsendem Umspannungswinkel φ.

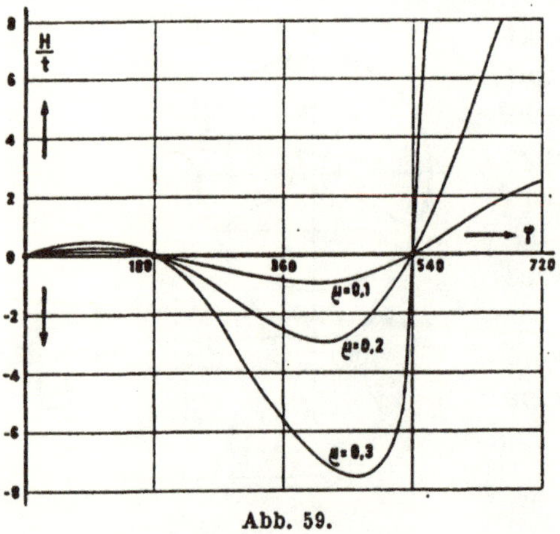

Abb. 59.

Abb. 59 zeigt die Größe

$$\frac{H}{t} = (e^{\mu\varphi} - 1) \cos\left(\frac{\varphi}{2}\right)$$

in Funktionen von φ für Reibungskoeffizienten $\mu = 0{,}1$, $0{,}2$ und $0{,}3$.

Abb. 60 zeigt die Größe

$$\frac{K}{t} = (e^{\mu\varphi} + 1) \sin\left(\frac{\varphi}{2}\right)$$

in Funktion von φ für die gleichen Reibungskoeffizienten. Für die Beanspruchung der Bremswelle ist aber die resultierende Lagerkraft

$$D = \sqrt{H^2 + K^2}$$

maßgebend.

Zur Beurteilung der Änderung von D mit dem Umschlingungswinkel φ ist die Größe

$$\frac{D}{t} = \sqrt{e^{2\mu\varphi} + 2\,e^{\mu\varphi}\left[2\sin^2\left(\frac{\varphi}{2}\right) - 1\right] + 1}$$

für Werte des Reibungskoeffizienten $\mu = 0{,}1$, $0{,}2$ und $0{,}3$ in der Abb. 61 in Funktion des Winkels φ aufgetragen.

Vergleicht man die drei Kurvenscharen nach den Abb. 59, 60 und 61, so erkennt man, daß es mit Rücksicht auf die Größe der Lagerkräfte und der durch diese Kräfte hervorgerufenen Beanspruchung der Bremsscheibendrehachse vorteilhaft ist, nicht viel über eine ganze Umschlingung ($\varphi = 360^0$) hinauszugehen. Sind große Momente abzubremsen, dann wählt man φ etwa zwischen 270^0 und 360^0. Sollen aber derartige Bremsen mit mehrfacher Umschlingung gebaut werden, dann wird man mit dem Reibungskoeffizienten μ nicht wesentlich über 0,1 hinausgehen, also glatte Stahlbänder auf Eisenscheiben verwenden.

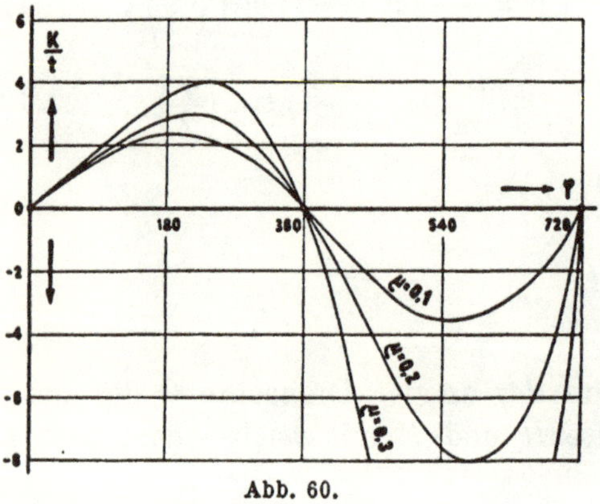

Abb. 60.

Bei Bremsen, deren Bremsband mit Klötzen von der Dicke e' gefüttert ist, gelten die gleichen Formeln (Gl. 125 bis 130), nur muß anstatt μ der Wert $\mu' = \mu \frac{R}{R'}$ mit $R' = R + e'$ eingeführt werden. Das Reibungsmoment einer solchen Bremse ist $M_w = (T - t) R'$.

Die Breite des Bremsbandes oder der Klotzauflagefläche wird nach dem spezifischen Auflagedruck p_T bemessen, der je nach dem Material des Bandes oder Klotzes und der Scheibe einen zulässigen Erfahrungswert nicht überschreiten darf.

Nach Gl. 130 ist die Auflagebreite

$$b = \frac{G l}{m R} \frac{e^{\mu \varphi}}{p_T} \quad \ldots \ldots \ldots \quad (131)$$

Für die Größe der Abnützung der Bremsflächen ist das Produkt aus dem spezifischen Auflagedruck p, dem Reibungskoeffizienten μ und der Gleitgeschwindigkeit v maßgebend. Die größte Abnützung muß daher an der Auflagestelle des Bandes mit der größten spezifischen Auflagepressung p_T eintreten. Dies zeigt sich bei zu schmal gewählten Bremsbändern mit Holzklötzen daran, daß diese bei zu starkem Anziehen des Bandes an der Endstelle mit der Bandspannung T zu brennen beginnen.

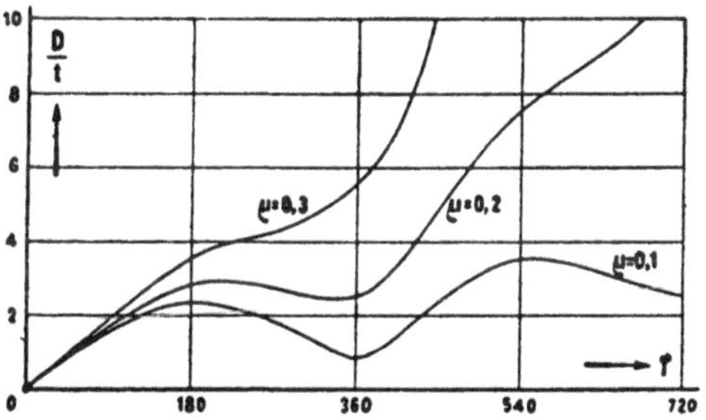

Abb. 61.

Differential-Bandbremse.

Bei einer Differentialbremse wird jedes Bremsbandende an einen Hebelarm des Bremshebels angelenkt. Das im Abstande l von der Drehachse O_1 des Bremshebels angebrachte Bremsgewicht G kann, wie in der Abb. 62 angedeutet ist, durch einen Elektromagneten angehoben und dadurch die Bremse gelöst werden.

Für diese viel verwendete Ausführungsform einer Bandbremse müssen die am Bremshebel angreifenden Kräfte der folgenden Momentengleichung entsprechen:

$$G l = T m_2 - t m_1 \quad \ldots \ldots \ldots \quad (132)$$

Das Reibungsmoment am Drehzapfen O_1 des Hebels, sowie dessen Eigengewicht sei im Momente $G l$ mitberücksichtigt.

Mit $T = t\,e^{\mu\varphi}$ erhält man für die wirkenden Kräfte und Momente die nachstehenden Beziehungen:

$$t = G\,l\,\frac{1}{m_2\,e^{\mu\varphi} - m_1} \quad \ldots\ldots\ldots\ldots \quad (133)$$

$$T = G\,l\,\frac{e^{\mu\varphi}}{m_2\,e^{\mu\varphi} - m_1} \quad \ldots\ldots\ldots\ldots \quad (134)$$

$$M_w = (T - t)\,R = G\,l\,R\,\frac{e^{\mu\varphi} - 1}{m_2\,e^{\mu\varphi} - m_1} \quad \ldots\ldots \quad (135)$$

$$H = (T - t)\cos\left(\frac{\varphi}{2}\right) = G\,l\,\frac{(e^{\mu\varphi} - 1)\cos\left(\frac{\varphi}{2}\right)}{m_2\,e^{\mu\varphi} - m_1} \quad \ldots \quad (136)$$

$$K = (T + t)\sin\left(\frac{\varphi}{2}\right) = G\,l\,\frac{(e^{\mu\varphi} + 1)\sin\left(\frac{\varphi}{2}\right)}{m_2\,e^{\mu\varphi} - m_1} \quad \ldots \quad (137)$$

$$p_t = \frac{t}{R\,b} = \frac{G\,l}{R\,b}\;\frac{1}{m_2\,e^{\mu\varphi} - m_1} \quad \ldots\ldots\ldots \quad (138)$$

$$p_T = \frac{T}{R\,b} = \frac{G\,l}{R\,b}\;\frac{e^{\mu\varphi}}{m_2\,e^{\mu\varphi} - m_1} \quad \ldots\ldots\ldots \quad (139)$$

Bei dieser Bremse muß m_1 kleiner als $m_2\,e^{\mu\varphi}$ ausgeführt werden, weil für $m_1 = m_2\,e^{\mu\varphi}$ alle Kräfte und Momente unendlich groß werden. Wird $m_1 = m_2 = m$ ausgeführt, dann ist das Reibungsmoment

$$M_w = (T - t)\,R = \frac{G\,l\,R}{m} \quad \ldots\ldots \quad (140)$$

Das Reibungsmoment ist dann unabhängig von der Größe des Umschlingungswinkels φ und des Reibungskoeffizienten μ.

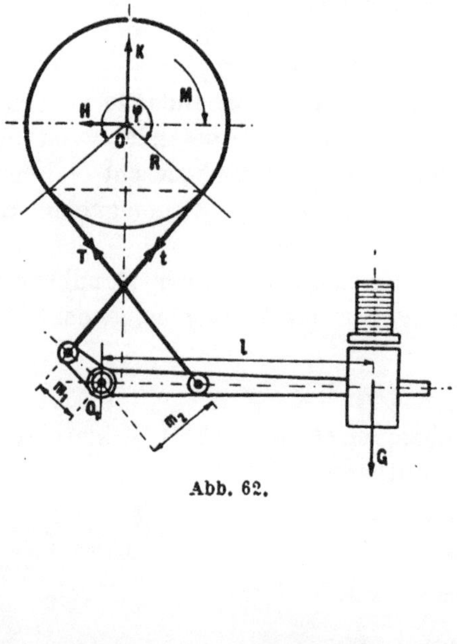

Abb. 62.

Eine derartige Bremse ist daher zum Abbremsen von Kraftmaschinen sehr geeignet. Zur Einstellung des Gleichgewichtszustandes ist nur das Hebelgewicht G oder dessen Hebelarm l so lange zu ändern, bis gleichförmige Scheibendrehung erreicht ist. Änderungen des Gleichgewichtszustandes wären dann (vorausgesetzt, daß die Reibung an allen Gelenkzapfen klein oder wenig veränderlich ist) vornehmlich auf eine Änderung der eingeführten Leistung zurückzuführen.

Bei der Differentialbandbremse nach Abb. 62 ist die Bremswirkung für die umgekehrte Drehrichtung der Scheibe eine wesentlich andere. Bei vielen Hebezeugen wird aber eine Bremse gebraucht, deren Bremswirkung für beide Drehrichtungen der Bremsscheibe gleich groß ist.

Hebelbandbremse mit gleicher Bremswirkung für Vor- und Rückwärtsdrehung der Bremsscheibe.

Bei der in Abb. 63 dargestellten Bremse werden bei jeder Drehrichtung der Scheibe beide Bandenden durch das Bremsgewicht G gespannt. Bei gleich großem Anlenkungshebelarm m der beiden Bandenden ist daher die Bremswirkung für beide Drehrichtungen der Scheibe gleich groß.

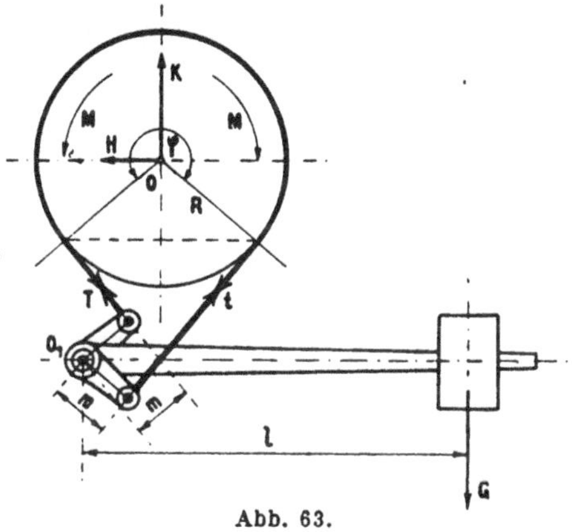

Abb. 63.

Für die am Bremshebel angreifenden Kräfte gilt die Momentengleichung:

$$G\,l = (T + t)\,m \quad \ldots \ldots \quad (141)$$

Mit $T = t\,e^{\mu\varphi}$ ist dann

$$t = \frac{G\,l}{m}\,\frac{1}{e^{\mu\varphi} + 1} \quad \ldots \ldots \quad (142)$$

$$T = \frac{G\,l}{m}\,\frac{e^{\mu\varphi}}{e^{\mu\varphi} + 1} \quad \ldots \ldots \quad (143)$$

$$M_w = (T - t)\,R = \frac{G\,l\,R}{m}\,\frac{e^{\mu\varphi} - 1}{e^{\mu\varphi} + 1} \quad \ldots \ldots \quad (144)$$

$$H = (T - t)\cos\left(\frac{\varphi}{2}\right) = \frac{G\,l}{m}\,\frac{(e^{\mu\varphi} - 1)\cos\left(\frac{\varphi}{2}\right)}{e^{\mu\varphi} + 1} \quad \ldots \quad (145)$$

$$K = (T + t)\sin\left(\frac{\varphi}{2}\right) = \frac{G\,l}{m}\sin\left(\frac{\varphi}{2}\right) \quad \ldots \ldots \quad (146)$$

$$p_t = \frac{t}{R\,b} = \frac{G\,l}{m\,R\,b}\,\frac{1}{e^{\mu\varphi} + 1} \quad \ldots \ldots \quad (147)$$

$$p_T = \frac{T}{R\,b} = \frac{G\,l}{m\,R\,b}\,\frac{e^{\mu\varphi}}{e^{\mu\varphi} + 1} \quad \ldots \ldots \quad (148)$$

Durch Vergleich der Gl. 144 und 140 ersieht man, daß eine derartige Bremse unter sonst gleichen Umständen (gleiches G, l, R und m) eine geringere Bremswirkung ergibt als eine Differentialbandbremse.

Über die Berechnung solcher Bremsen mit gefüttertem Bremsband und die Abnutzung der Bremsflächen ist sinngemäß das gleiche zu sagen wie bei der einfachen Bandbremse.

3. Schlussfolgerungen.

Die erhaltenen Ergebnisse zeigen, daß auch Bandbremsen, ohne Kenntnis der Verteilung der Auflagedrücke längs des Bremsflächenumfanges nicht genau vorausberechnet werden können.

Nur unter bestimmten Voraussetzungen über die Art der Reibungskräfte (konstanter Reibungskoeffizient μ an allen Stellen der Bremsfläche und proportionales Anwachsen der Reibungskräfte mit dem Auflagedruck) und der verwendeten Bremsbänder (dünn im Verhältnis zum Scheibenradius, sehr elastisch und schmiegsam und möglichst ohne Klötzearmierung) lassen sich bestimmte Beziehungen über die Änderung der Bandspannungen und der Auflagedrücke mit der Größe des Umschlingungswinkels bei der Drehung der Bremsscheibe ableiten.

Für die Berechnung der Bremsen ist auf jeden Fall eine genügend genaue Kenntnis des Reibungskoeffizienten μ erforderlich. Es fehlen aber einwandfreie Werte für μ fast vollständig, da eingehende, auf richtiger Grundlage aufgebaute Versuche zur Bestimmung des Reibungskoeffizienten μ noch nicht ausgeführt worden sind.

Reibungskoeffizienten, die aus Versuchen mit Backenbremsen ermittelt wurden, dürfen nicht ohne weiteres zur Berechnung von Bandbremsen angewendet werden und umgekehrt. Da eine genaue Berechnung von Bremsen ohne Kenntnis der Verteilung der Auflagekräfte über die Bremsfläche nicht möglich ist, so wären planmäßig durchgeführte Versuche erforderlich, um hierüber in verschiedenen Fällen sicheren Aufschluß zu erhalten. Statt dessen könnten auch Versuche mit verschiedenen Bremskonstruktionen durchgeführt und aus den erhaltenen Ergebnissen, mit Hilfe der abgeleiteten Formeln, der Reibungskoeffizient für verschiedene Grundtypen von Bremsen berechnet werden. Die so erhaltenen Reibungskoeffizienten dürften dann sinngemäß nur für die Berechnung ähnlicher Bauarten von Bremsen angewendet werden, wie es die Versuchsbremse war. Man würde auf diese Weise Reibungskoeffizienten für Backenbremsen und für Bandbremsen, sowie unter Umständen noch mehr Abstufungen für besondere Ausführungsformen von Bremsen erhalten.

Auch über das Wesen des Reibungswiderstandes fehlen noch immer verläßliche Angaben, die insbesondere dessen Abhängigkeit von der Beschaffenheit der Bremsflächen (Bearbeitung und Schmierzustand), vom spezifischen Auflagedruck und der Gleitgeschwindigkeit festlegen. Der Unterschied zwischen der sog. »Reibung der Ruhe« und derjenigen während der Bewegung bedarf ebenfalls noch gründlicher Aufklärung.

Ein Versuch zur Klarstellung verschiedener Reibungszustände ist bei Besprechung der Riementriebe (S. 103 u. ff.) gemacht. Doch stellt dieser Versuch nur eine Anregung vor, die vielleicht als Ausgangspunkt für weitere Studien dienen kann.

Hier ist jedenfalls noch ein weites Feld für wissenschaftliche Forschungsarbeiten vorhanden, und es wäre wünschenswert, daß dieser wichtige Zweig der Technik, der alle mechanischen Bewegungsvorgänge so stark beeinflußt, eine möglichst baldige und vielseitige Bearbeitung erfahren würde.

III. Riementriebe.

I. Offener Riementrieb.

Ein dünner, elastischer Riemen von der Dicke δ und der Breite b sei um zwei Scheiben von den Radien r und R offen geschlungen (Abb. 64). Beide Scheiben können sich daher im selben Sinne drehen.

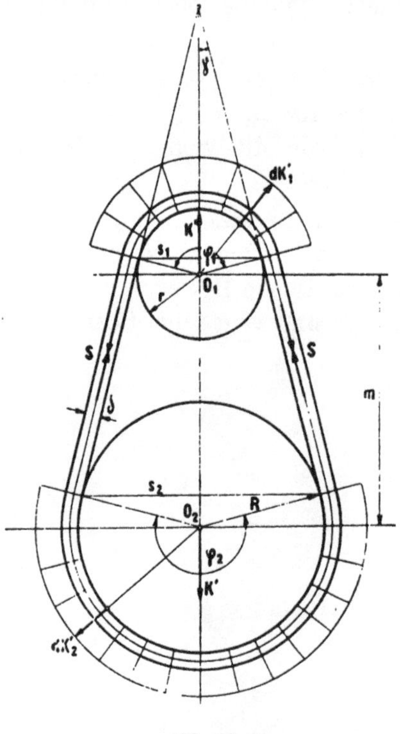

Abb. 64.

Sind φ_1 und φ_2 die Umschlingungswinkel und m der Abstand der beiden Drehachsen O_1 und O_2, dann ist

$$R - r = m \sin \gamma = m \cos \left(\frac{\varphi_1}{2}\right) = $$

$$= m \cos \left(\frac{\varphi_2}{2}\right).$$

$$\varphi_2 = 2\pi - \varphi_1.$$

Um Leistungsübertragung zu ermöglichen, müssen die Scheiben gegen den Riemen verspannt werden. Der im Ruhezustande des Riementriebes wirkende Achsdruck K' ruft im Riemen eine Spannung S hervor, die bei genügend dünnem und elastisch schmiegsamem Riemen $\left(\frac{\delta}{R} \text{ sehr klein}\right)$ an allen Stellen desselben gleich groß ist. An der Auflagefläche des Riemens auf beiden Scheiben entstehen dadurch gleich, große und gleichmäßig verteilte Auflagedrücke, und zwar:

an der treibenden Scheibe O_1:

$$dK_1' = p_1' \, r \, b \, d\varphi \quad \ldots \ldots \ldots \quad (149)$$

an der getriebenen Scheibe O_2:

$$dK_2' = p_2' \, R \, b \, d\varphi \quad \ldots \ldots \ldots \quad (150)$$

wobei p_1' und p_2' die spezifischen Auflagepressungen für die Flächeneinheit der Berührungsflächen von Riemen und Scheiben sind.

Nach den Ausführungen bei Backen- und Bandbremsen (Seite 43) müssen folgende Beziehungen bestehen:

$$K' = 2\,S \cos\gamma = 2\,S \sin\frac{\varphi_1}{2} = 2\,S \sin\frac{\varphi_2}{2} = p_1'\,b\,s_1 = p_2'\,b\,s_2$$

und daraus

$$p_1' = \frac{S}{r\,b}, \quad p_2' = \frac{S}{R\,b}.$$

Es werde für die weiteren Untersuchungen vorausgesetzt, daß bei Drehung der treibenden Scheibe zunächst der Riemen und durch diesen die zweite Scheibe mit der gleichen Geschwindigkeit v ohne Gleiten (Schlupf) mitgenommen werde. Soll an der getriebenen Scheibe ein Nutzmoment $M_2 = P_2\,R$ überwunden werden, dann muß an der treibenden Scheibe ein größeres Moment $M_1 = P_1\,r$ aufgewendet werden (Abb. 65). Das Mitnehmen des Riemens durch die treibende Scheibe O_1 und ebenso der getriebenen Scheibe O_2 durch den Riemen kann man sich durch mikroskopisch kleine Oberflächenzähne erfolgt denken, die durch das Anspannen des Riemens zum Eingriff gebracht werden. An allen Stellen der Berührungsflächen entstehen dann Zahnkräfte dZ, welche die Kraftübertragung bewirken.

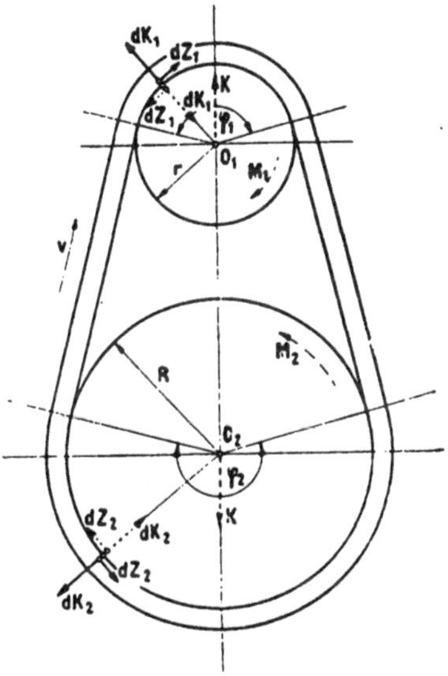

Abb. 65.

Beim Betriebe findet an allen Stellen der Berührungsflächen ein tangential gerichtetes Abwälzen der Scheiben am Riemen und umgekehrt statt. Da zwischen Riemen und Scheibe kein Gleiten erfolgen soll, so können bei der Bewegung auch keine Gleitwiderstände (Reibungskräfte) auftreten. Der durch die Formänderung des Riemens und der Scheiben hervorgerufene Formänderungswiderstand kommt vielmehr an allen Punkten der Berührungsflächen als Formänderungsmoment $dK\,f$ zur Wirkung, wobei dK der Auflagedruck an der betreffenden Berührungsstelle, f der zugehörige Wälzarm ist.

a) Kraftverhältnisse des treibenden Riementriebteiles.

a_1). Die Geschwindigkeit v ist sehr klein, so daß die beim Betrieb entstehenden Fliehkräfte vernachläßigt werden können.

Die an der Berührungsfläche zwischen Riemen und Scheibe beim Betriebe entstehenden Zahnkräfte dZ_1 (Abb. 66) ergeben ein Moment M_z' das ähnlich wie das Reibungsmoment M_w bei einer

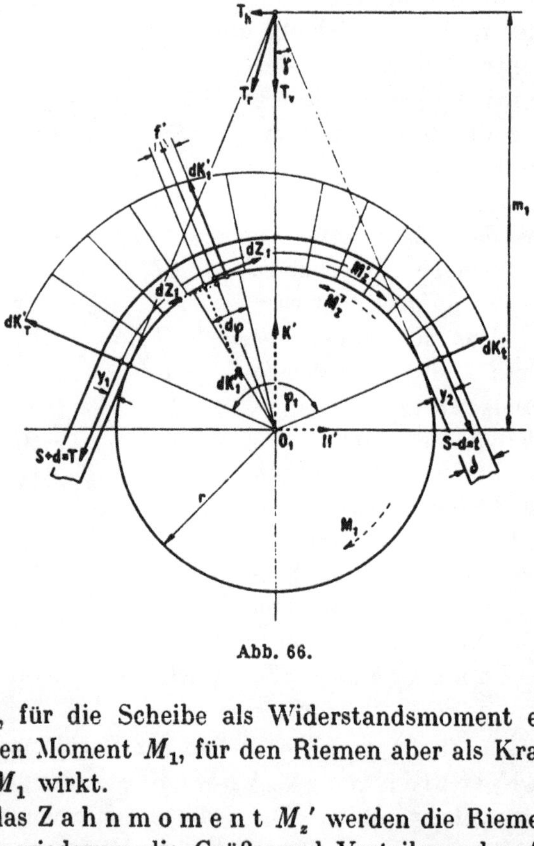

Abb. 66.

Bandbremse, für die Scheibe als Widerstandsmoment entgegen dem aufgewendeten Moment M_1, für den Riemen aber als Kraftmoment im Sinne von M_1 wirkt.

Durch das Zahnmoment M_z' werden die Riemenspannungen und dadurch wiederum die Größe und Verteilung der Auflagedrücke dK_1' gegenüber den im Ruhezustande des Riementriebes wirkenden Kräften in ähnlicher Weise verändert, wie dies bei einer Bandbremse durch das Reibungsmoment M_w geschieht. Die Spannungen wachsen von einem Werte $t = S - d$ an der »geschobenen« Seite, auf einen Wert $T = S + d$ an der »gezogenen« Seite des Riemens an. Die Auflagedrücke dK_1' ändern sich dementsprechend von einem Werte

dK_t' an der Stelle der Spannung t, auf einen Wert dK_T' an der Stelle der Spannung T. In ähnlicher Weise, wie dies bei den Bandbremsen geschehen ist (vgl. hierzu Abb. 49), kann auch hier nachgewiesen werden, daß die Abstände der resultierenden Riemenspannungen von der Auflagefläche des Riemens in den einzelnen unendlich nahe aufeinander folgenden Querschnitten des Riemens, von einem Werte y_1 am Querschnitt der Spannung T, auf einen Wert y_2 am Querschnitt der Spannung t zunehmen müssen (Abb. 66). Es ist auch hier ein Querschnitt vorhanden, dessen resultierende Spannung S' gleich der im Ruhezustand des Riemens wirkenden Spannung S ist und in demselben Punkte des Querschnittes angreift wie S. In dem nach der Seite der Spannung T liegenden unendlich nahe benachbarten Querschnitt muß die resultierende Spannung um einen unendlich kleinen Betrag dS' größer sein als S' und in einem um dy kleineren Abstande von der Auflagefläche des Riemens wirken als S'.

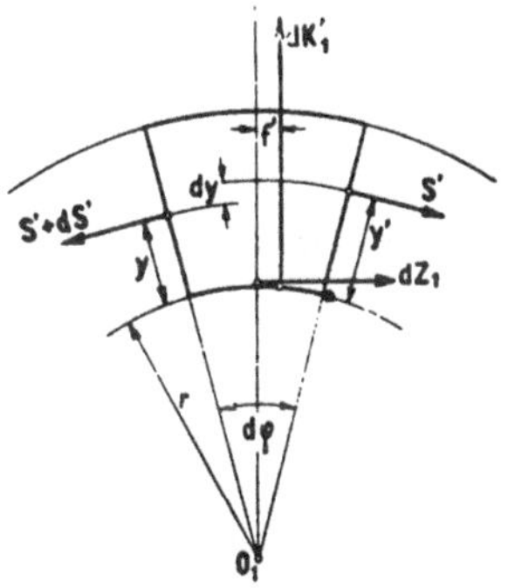

Abb. 67.

Untersucht man die Kraftverhältnisse an dem durch die vorerwähnten beiden Querschnitte gebildeten Riemenelement (Abb. 67), dann müssen bei Vernachlässigung unendlich kleiner Größen höherer Ordnung, gegenüber unendlich kleinen Größen erster Ordnung die folgenden Gleichgewichtsbedingungen bestehen:

1). $dS' = dZ_1$ . . . . (151)

2). $S'\,d\varphi = dK_1'$ . . . . (152)

3). Momente in bezug auf die Drehachse O_1

$$dZ_1 r = (S' + dS')(r + y) - S'(r + y') + f'\,dK_1' \quad . \; . \quad (153)$$

Das Formänderungsmoment $f'\,dK_1'$ muß nach früheren Ausführungen entgegen dem Momente der treibenden Zahnkraft dZ_1 drehen.

Nach Gl. 151 ist

$$dZ_1\,r = dS'\,r \quad . \; . \; . \; . \; . \; . \; . \; . \; . \quad (154)$$

Wird der Wert von $dZ_1\,r$ in Gl. 153 eingesetzt, dann ergibt sich:

$$S'(y' - y) = S'\,dy = y\,dS' + f'\,dK_1' \quad . \; . \; . \; . \quad (155)$$

Aus Gl. 154 geht hervor, *daß die Wirkung der Riemenspannungen in bezug auf die Drehachse O der*

Scheibe die gleiche ist, als wenn die Spannungen an der Auflagefläche des Riemens selbst wirken würden.

Nach den Ausführungen bei »Bandbremsen mit glattem Bremsband« kann angenommen werden, daß auch bei einem Riementrieb die Änderung der Spannungen und der Auflagedrücke nach einem ähnlichen Gesetz erfolgt wie bei den angeführten Bandbremsen.

Setzt man

$$T = t\, e^{\zeta_1 \varphi_1} \quad \ldots \ldots \ldots \quad (156)$$

dann muß ζ_1 ein Zahlenfaktor sein, der das Verhältnis der Zahnkraft dZ_1 zum entsprechenden Auflagedruck dK_1' für jede Auflagestelle des Riemens angibt. Dann ist auch:

$$dZ_1 = \zeta_1\, dK_1' \quad \ldots \ldots \ldots \quad (157)$$

Hieraus und aus den Gl. 151 und 152 erhält man durch Integration in den Grenzen 0 bis φ_1, die durch Gl. 156 gegebene Beziehung für die Riemenspannungen.

Mit $dK_1' = p'\, r\, b\, d\varphi$ ist nach Gleichung 152

$$p' = \frac{S'}{r\, b}$$

und daher auch

$$p_t' = \frac{t}{r\, b}$$

$$p_T' = \frac{T}{r\, b} = \frac{t\, e^{\zeta_1 \varphi_1}}{r\, b} = p_t'\, e^{\zeta_1 \varphi_1} \quad \ldots \ldots \quad (157)$$

Die Verteilung der spezifischen Auflagepressungen p', der Auflagekräfte dK_1' und der ihnen proportionalen Zahnkräfte dZ_1 entspricht dem gleichen Gesetze, nach dem die Änderung der Riemenspannungen erfolgt.

Da die an jedem Riemenelement sich ergebenden Formänderungsverluste nicht allein von der Wirkung der Auflagedrücke, sondern auch von den Riemenspannungen und Zahnkräften herrühren, so muß gefolgert werden, daß der Wälzarm f' keine konstante Größe ist, sondern daß er von einem Werte f_t' an der Stelle der Spannung t, auf einen Wert f_T' an der Stelle der Spannung T zunehmen wird. Es kann dann weiterhin mit großer Wahrscheinlichkeit geschlossen werden, daß auch die Änderung des Wälzarmes f' dem gleichen Gesetze folgt, wie die Änderung der anderen Größen.

Es bestehen danach die folgenden Beziehungen:

$$f' = f_t'\, e^{\zeta_1 \varphi} \quad \ldots \ldots \ldots \quad (158)$$

$$f_T' = f_t'\, e^{\zeta_1 \varphi_1} \quad \ldots \ldots \ldots \quad (159)$$

Sind dK_h' und dK_v' die horizontale und vertikale Komponente des Auflagedruckes dK_1' an irgendeiner Auflagestellé des Riemens, dZ_h' und dZ_v' die entsprechenden Komponenten der zugehörigen Zahnkraft dZ_1, so müssen für die am Riemen angreifenden Kräfte (Abb. 66) die folgenden Gleichgewichtsbedingungen bestehen:

$$1).\quad T_h = \int_0^{\varphi_1} dK_h' \pm \int_0^{\varphi_1} dZ_h' \quad \ldots \ldots \ldots \quad (160)$$

$$2).\quad T_v = \int_0^{\varphi_1} dK_v' \pm \int_0^{\varphi_1} dZ_v' \quad \ldots \ldots \ldots \quad (161)$$

$$3).\quad T_h m_1 = (T - t)\, r = \int_0^{\varphi_1} dZ_1\, r - \int_0^{\varphi_1} f'\, dK_1' \quad \ldots \quad (162)$$

wobei für die Komponenten T_h und T_v der Resultierenden T_r aus den Riemenspannungen T und t die nachstehenden Beziehungen gelten:

$$T_h = (T - t) \sin \gamma = (T - t) \cos \left(\frac{\varphi_1}{2}\right) \quad \ldots \quad (163)$$

$$T_v = (T + t) \cos \gamma = (T + t) \sin \left(\frac{\varphi_1}{2}\right) \quad \ldots \quad (164)$$

Die Momentengleichung 162 steht aber im Widerspruch mit der aus Gl. 154 durch Integration in den Grenzen 0 bis φ_1 sich ergebenden Momentenbeziehung

$$\int_0^{\varphi_1} dS'\, r = (T - t)\, r = \int_0^{\varphi_1} dZ_1\, r = M_Z' \quad \ldots \quad (165)$$

Das resultierende Moment der Riemenspannungen in bezug auf die Drehachse O der Scheibe $\int_0^{\varphi_1} dS'\, r$ kann jedenfalls nur dann den Wert $(T - t)\, r$ annehmen, wenn die Abstände y_1 und y_2 der Spannungen T und t von der Auflagefläche des Riemens der Bedingung $T y_1 = t y_2$ genügen, denn nur dann ist

$$T\,(r + y_1) - t\,(r + y_2) = (T - t)\, r.$$

Es muß somit:

$$\frac{y_2}{y_1} = \frac{T}{t} = e^{\mu_1 \varphi_1}$$

oder allgemein die Beziehung bestehen:

$$y = y_2\, e^{-\mu_1 \varphi}.$$

Nach Gl. 155 ist aber

$$S'\, dy = y\, dS' + f'\, dK_1'.$$

Berücksichtigt man, daß während S' mit wachsendem φ zunimmt, der Abstand y abnimmt, daß somit dy das umgekehrte Vorzeichen wie dS' haben muß, so ist

$$y\,dS' + S'\,dy + f'\,dK_1' = 0 \quad . \quad . \quad . \quad . \quad . \quad (166)$$

Berechnet man aus den Beziehungen

$$S' = t\,e^{\zeta_1 \varphi}$$
$$y = y_2\,e^{-\zeta_1 \varphi}$$

die Werte $y\,dS'$ und $S'\,dy$, so erhält man:

$$y\,dS' = \zeta_1\,y_2\,t\,d\varphi$$
$$S'\,dy = -\zeta_1\,y_2\,t\,d\varphi.$$

Da sich die beiden Werte $y\,dS'$ und $S'\,dy$ nur durch das Vorzeichen voneinander unterscheiden, so kann Gl. 166 nur bestehen, wenn für jedes Riemenelement das Formänderungsmoment $f'\,dK_1' = 0$ ist.

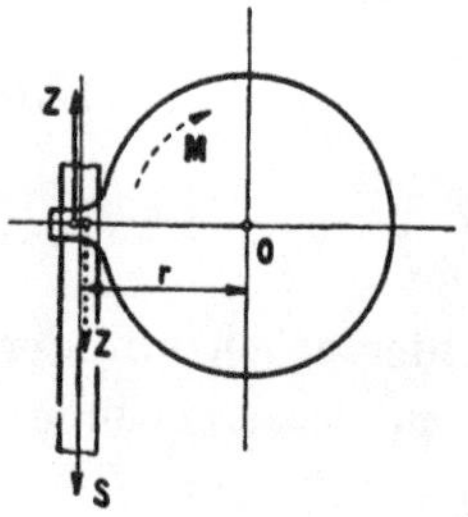

Abb. 68.

Nach Gl. 151 muß für jedes Riemenelement $dS' = dZ_1$ sein, gleichgültig, wie groß die Formänderungswiderstände bei der Kraftübertragung sind. Daraus erkennt man, daß die bei der Leistungsübertragung zu überwindenden Formänderungsverluste schon in den Zahnkräften dZ_1 mitberücksichtigt sein müssen.

Ein ähnlicher Fall liegt vor, wenn eine Last S, die an einem elastischen Seil hängt, durch eine Kraft Z gehoben werden soll (Abb. 68).

Für das Gleichgewicht der am Seil angreifenden Kräfte muß $Z = S$ sein, obwohl Formänderungen des Seiles hervorgerufen werden und Formänderungsarbeit zu leisten ist. Diese ist aus der statischen Gleichgewichtsbedingung für die Seilkräfte nicht unmittelbar herauszulesen. Sie kann aber mittelbar in der Hubkraft Z mitberücksichtigt sein, wenn man beispielsweise annimmt, daß das Seil zur Erzeugung der Hubkraft Z an einer Zahnscheibe im Abstande r von deren Drehachse O befestigt ist. Zur Überwindung der am Seil angehängten Last S muß dann an der Zahnscheibe eine Leistung L oder ein dieser Leistung entsprechendes Drehmoment M aufgewendet werden, in dem das den Formänderungswiderständen von Seil und Scheibe entsprechende Formänderungsmoment mitenthalten ist. Für die an der Scheibe wirkenden Kräfte gilt die Momentenbeziehung:

$$M = Z\,r + \text{gesamtes Formänderungsmoment.}$$

In der aus dieser Gleichung berechneten Hubkraft Z ist gleichzeitig die, unter Berücksichtigung aller Formänderungsverluste von Seil und Scheibe durch das an der Scheibe aufgewendete Moment M, überwindbare Last S gegeben.

In analoger Weise werden sich daher auch beim Riementrieb die Formänderungsverluste des Riemens und der Scheibe nur in den Gleichgewichtsbedingungen für die an den Riemenscheiben wirkenden Kräfte als Formänderungsmomente geltend machen.

Für die am Riemen angreifenden Kräfte gilt daher die durch Gl. 165 gegebene Momentenbeziehung:

$$(T - t)\,r = \int_0^{\varphi_1} dZ_1\, r = M_Z',$$

mit der die Gl. 162 übereinstimmt, wenn aus dieser Gleichung das resultierende Formänderungsmoment $\int_0^{\varphi_1} f'\, dK_1'$ fortgelassen wird. Dieses kommt erst bei der Aufstellung der Gleichgewichtsbedingungen für die an der Riemenscheibe wirkenden Kräfte zur Geltung.

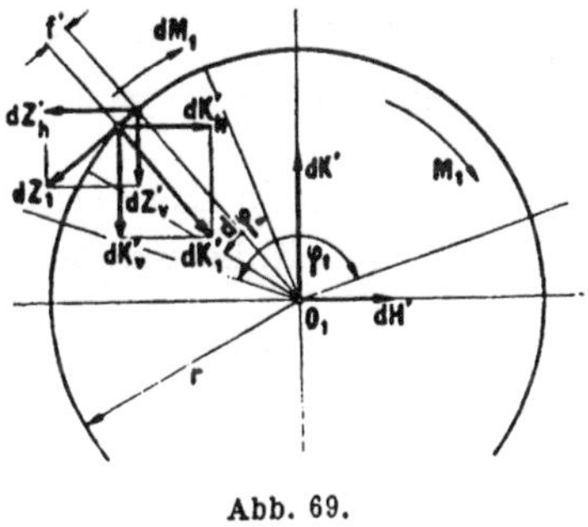

Abb. 69.

In Abb. 69 sind für ein Scheibenelement vom Zentriwinkel $d\varphi$ die wirkenden Kräfte dargestellt. An der Drehachse O der Scheibe werden die Lagerkräfte dK' und dH' hervorgerufen. Für das Gleichgewicht der Kräfte gelten die Bedingungen:

1). $dZ_h' \pm dK_h' = dH'$ . . . . (167)

2). $dZ_v' \pm dK_v' = dK'$ . . . . (168)

3). $dZ_1 r + f'\, dK_1' = d\,M_1$ . . . . (169)

Das Formänderunsgmoment $f'\, dK_1'$ muß entgegen dem treibenden Momente dM_1 drehen. Integriert man die durch die Gl. 167 bis 169 gegebenen Beziehungen in den Grenzen 0 bis φ_1, dann ergeben sich daraus die folgenden Gleichgewichtsbedingungen für die an der treibenden Scheibe wirkenden Kräfte und Momente:

$$1).\quad \int_0^{\varphi_1} dZ_h' \pm \int_0^{\varphi_1} dK_h' = H' \quad \ldots\ldots \quad (170)$$

$$2).\quad \int_0^{\varphi_1} dZ_v' \pm \int_0^{\varphi_1} dK_v' = K' \quad \ldots\ldots \quad (171)$$

$$3).\quad \int_0^{\varphi_1} dZ_1 r = M_1 - \int_0^{\varphi_1} f'\, dK_1' \quad \ldots\ldots \quad (172)$$

wobei H' und K' die horizontale und vertikale Lagerkraft an der Drehachse O_1 ist. (Abb. 66). Vergleicht man diese Gleichgewichtsbedingungen mit den nach den Gl. 160, 161 und 163 bis 165 für den Riemen gültigen Bedingungen, dann erhält man für den treibenden Riementriebteil die folgenden Beziehungen:

$$H' = T_h = (T - t) \cos\left(\frac{\varphi_1}{2}\right) \quad \ldots\ldots \quad (173)$$

$$K' = T_v = (T + t) \sin\left(\frac{\varphi_1}{2}\right) \quad \ldots\ldots \quad (174)$$

$$(T - t)\, r = M_1 - \int_0^{\varphi_1} f'\, dK_1' \quad \ldots\ldots \quad (175)$$

Berücksichtigt man, daß

$$(T + t) \sin\left(\frac{\varphi_1}{2}\right) = [(S + d) + (S - d)] \sin\left(\frac{\varphi_1}{2}\right) = 2\, S \sin\left(\frac{\varphi_1}{2}\right),$$

so ist die vertikale Lagerkraft K' an der Drehachse O_1 in diesem Falle gleich der im Ruhezustande des Riementriebes wirkenden Achsvorspannung K'.

Mit den Beziehungen nach den Gl. 152, 156 und 158 ist:

$$\int_0^{\varphi_1} f'\, dK_1' = f_t'\, t \int_0^{\varphi_1} e^{2\zeta_1 \varphi}\, d\varphi = \frac{f_t'}{2\zeta_1} (e^{\zeta_1 \varphi_1} - 1)\, t\, (e^{\zeta_1 \varphi_1} + 1) =$$

$$= \frac{f_T' - f_t'}{2\zeta_1} (T + t) \quad \ldots\ldots \quad (176)$$

Wird der Faktor

$$\frac{f_T' - f_t'}{2\zeta_1} = f_1 \quad \ldots\ldots \quad (177)$$

als **resultierender Wälzarm des treibenden Riementriebteiles** eingeführt, dann ist:

$$\int_0^{\varphi_1} f'\, dK_1' = f_1 (T + t) = \frac{f_1 K'}{\sin\left(\frac{\varphi_1}{2}\right)} \quad \ldots\ldots \quad (178)$$

a$_2$). Kraftverhältnisse mit Berücksichtigung der Fliehkräfte des Riemens.

Wird ein sehr elastischer Riemen vorausgesetzt, dann werden die bei der Drehung der Scheibe entstehenden Fliehkräfte dC anstelle eines Teiles der bei sehr kleiner Geschwindigkeit (in der Grenze $v = 0$) wirkenden Auflagedrücke dK_1' treten, so daß eine entsprechende Entlastung der Auflagepressungen erfolgt.

Für vollkommen elastischen Riemen wäre der neue Auflagedruck

$$dK_1 = dK_1' - dC \quad \ldots\ldots\ldots \quad (179)$$

In Wirklichkeit gibt es aber keine vollkommen elastischen Riemen, und es wird daher dK_1 etwas größer sein als der nach Gl. 179 erhaltene Wert. Für einen unelastischen Riemen würde $dK_1 = dK_1'$ werden.

In der Folge soll aber ein derartig hoher Grad der Riemenelastizität vorausgesetzt werden, daß die nach Gl. 179 gegebene Beziehung für dK_1 angewendet werden darf.

Für die an einem Riemenelement wirkenden Kräfte (Abb. 70) gelten die folgenden Gleichgewichtsbedingungen:

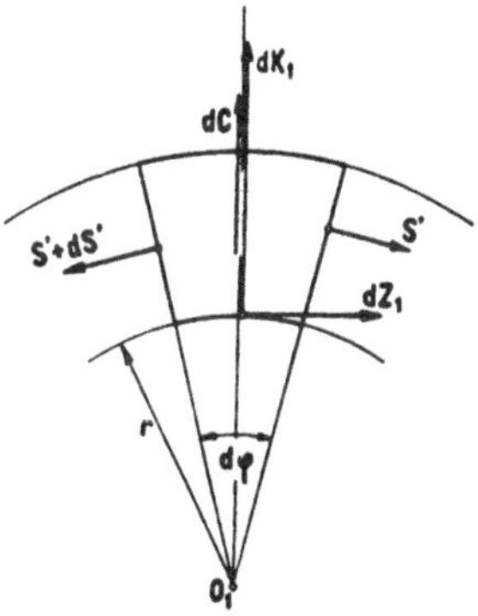

Abb. 70.

1). $dS' = dZ_1$.

2). $S'\,d\varphi = dK_1 + dC$.

3). $dZ_1\,r = dS'r$.

Mit dK_1 aus Gl. 179 ergeben sich somit für das Riemenelement und damit auch für den ganzen Riemen auf der treibenden Scheibe dieselben Gleichgewichtsbedingungen, als wenn keine Fliehkräfte dC wirken würden. Es gelten daher auch hier die durch die Gl. 160, 161 und 165 bestimmten Beziehungen.

Die Riemenspannungen werden durch die Fliehkräfte dC nicht geändert. Es wird daher auch hier die Beziehung bestehen:

$$T = t\,e^{\zeta_1 \varphi_1}$$

mit

$$\zeta_1 = \frac{dZ_1}{dK_1'} = \frac{dZ_1}{dK_1 + dC}.$$

Die spezifischen Auflagepressungen p_1 für die Flächeneinheit der Auflagefläche sind aber jetzt kleiner, als wenn keine Fliehkräfte wirken.

Es ist

$$dK_1 = p_1 r b \, d\varphi \quad \ldots \ldots \ldots \quad (180)$$

$$dC = b \delta \frac{\gamma_0}{g} v^2 d\varphi = q \, d\varphi \quad \ldots \ldots \quad (181)$$

wobei γ_0 das spezifische Gewicht des Riemenmateriales und g die Erdbeschleunigung ist.

Der Faktor $q = b \delta \frac{\gamma_0}{g} v^2$ ist für eine bestimmte Geschwindigkeit v eine von φ unabhängige, konstante Größe.

Mit $dK_1' = dK_1 + dC = S' \, d\varphi$ und den durch die Gl. 180 und 181 gegebenen Werten für dK_1 und dC ist:

$$p_1 = \frac{S' - q}{r b} = \frac{t e^{\mu \varphi} - q}{r b} \quad \ldots \ldots \quad (182)$$

Daraus ergeben sich die Grenzwerte der spezifischen Auflagepressungen:

$$p_{1t} = \frac{t - q}{r b} \quad \ldots \ldots \ldots \ldots \quad (183)$$

$$p_{1T} = \frac{T - q}{r b} = \frac{t e^{\mu \varphi_1} - q}{r b} \quad \ldots \ldots \quad (184)$$

Für die an einem Scheibenelement vom Zentriwinkel $d\varphi$ wirkenden Kräfte, welche an der Drehachse O_1 die Lagergegenkräfte dK und dH hervorrufen (Abb. 71), ergeben sich die folgenden Gleichgewichtsbedingungen:

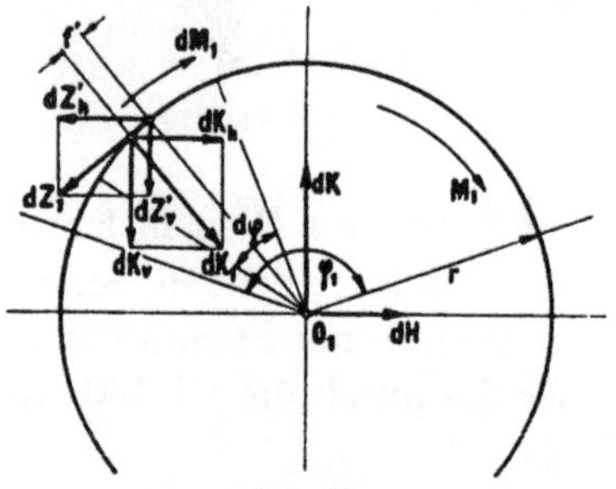

Abb. 71.

1). $dZ_h' \pm dK_h = dH$ (185)

2). $dZ_v' \pm dK_v = dK$ (186)

3). $dZ_1 r + f' \, dK_1 = dM_1$ (187)

An der Scheibe kommen die Formänderungsverluste als Formänderungsmomente $f' \, dK_1$, die entgegen dem treibenden Momente M_1 drehen, zur Geltung.

Integriert man die Gl. 185 bis 187 in den Grenzen 0 bis φ_1, dann erhält man die Gleichgewichtsbedingungen für die an der treibenden Scheibe angreifenden Kräfte:

$$1). \quad \int_0^{\varphi_1} dZ_h' \pm \int_0^{\varphi_1} dK_h = H \quad \ldots \ldots \quad (188)$$

$$2). \quad \int_0^{\varphi_1} dZ_v' \pm \int_0^{\varphi_1} dK_v = K \quad \ldots \ldots \quad (189)$$

$$3). \quad \int_0^{\varphi_1} dZ_1 \, r = M_1 - \int_0^{\varphi_1} f' \, dK_1 \quad . \; . \; . \; . \; . \quad (190)$$

wobei H und K die horizontale und vertikale Lagerkraft an der Drehachse O_1 ist (Abb. 73).

Da nach Gl. 179

$$dK_1 = dK_1' - dC,$$

so ist auch:

$$\int_0^{\varphi_1} dK_h = \int_0^{\varphi_1} dK_h' - \int_0^{\varphi_1} dC_h$$

$$\int_0^{\varphi_1} dK_v = \int_0^{\varphi_1} dK_v' - \int_0^{\varphi_1} dC_v,$$

wobei dC_h und dC_v die horizontale und vertikale Komponente der Fliehkraft dC ist.

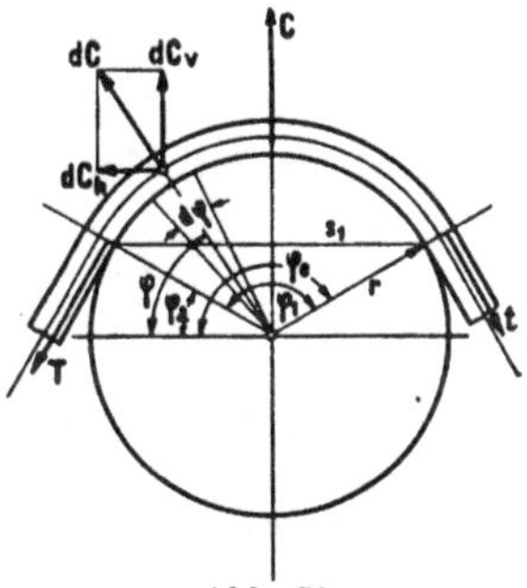

Abb. 72.

Aus Abb. 72 ergibt sich:

$$\int_0^{\varphi_1} dC_h = \int_0^{\varphi_1} dC \cos\varphi$$

und mit dem Werte für dC aus Gl. 181

$$\int_0^{\varphi_1} dC_h = \int_{\varphi_a}^{\varphi_e} q \cos\varphi \, d\varphi = 0.$$

In ähnlicher Weise erhält man

$$C = \int_0^{\varphi_1} dC_v = \int_{\varphi_a}^{\varphi_e} dC_v \sin\varphi = \int_{\varphi_a}^{\varphi_e} q \sin\varphi \, d\varphi = q \, \frac{s_1}{r} = 2 q \sin\frac{\varphi_1}{2} \quad (191)$$

Es ist daher

$$\int_0^{\varphi_1} dK_h = \int_0^{\varphi_1} dK_h' \quad . \; . \; . \; . \; . \; . \; . \; . \; . \quad (192)$$

$$\int_0^{\varphi_1} dK_v = \int_0^{\varphi_1} dK_v' - C \quad . \; . \; . \; . \; . \; . \; . \quad (193)$$

Werden diese Beziehungen in die Gl. 188 und 189 eingesetzt, dann ist:

$$\int_0^{\varphi_1} dZ_h' \pm \int_0^{\varphi_1} dK_h' = H \quad . \; . \; . \; . \; . \; . \; . \quad (194)$$

$$\int_0^{\varphi_1} dZ_v' \pm \int_0^{\varphi_1} dK_v' = K + C \quad . \; . \; . \; . \; . \quad (195)$$

Vergleicht man damit die für die Riemenkräfte gültigen Gleichgewichtsbedingungen (Gl. 160 und 161), dann erhält man für die Lagerkräfte an der Drehachse O_1 die Beziehungen:

$$H = T_h = (T - t)\cos\left(\frac{\varphi_1}{2}\right) \quad . \; . \; . \; . \; . \; . \; . \; . \quad (196)$$

$$K = (T_v - C) = (T + t - 2q)\sin\left(\frac{\varphi_1}{2}\right) \quad . \; . \; . \quad (197)$$

Da nach Gl. 174 $T_v = K'$ ist, so muß nach Gl. 197 auch $K = K' - C$ sein.

Der vertikale Achsdruck K, der sich im Betriebe einstellt, ist um die Resultierende C aller vertikalen Fliehkraftkomponenten kleiner als die Achsvorspannung K' im Ruhezustand des Riementriebes. Dies gilt eigentlich nur für vollkommen elastische Riemen. In Wirklichkeit wird K wohl kleiner als K', aber größer als $K' - C$ sein. (Vergleiche hierzu die Ausführungen auf Seite 102).

Nach den Gl. 158 und 179 ist

$$\int_0^{\varphi_1} f'\, dK_1 = \int_0^{\varphi_1} f_t'\, e^{\zeta_1 \varphi}\,(dK_1' - dC) \quad . \; . \; . \; . \quad (198)$$

Mit dem Werte von dC nach Gl. 181 ist

$$\int_0^{\varphi_1} f_t'\, e^{\zeta_1 \varphi}\, dC = f_t'\, q \int_0^{\varphi_1} e^{\zeta_1 \varphi}\, d\varphi = 2q\,\frac{f_T' - f_t'}{2\,q_1} = 2q\, f_1 \quad . \quad (199)$$

und nach Gl. 178

$$\int_0^{\varphi_1} f_t'\, e^{\zeta_1 \varphi}\, dK_1' = f_1 \frac{K'}{\sin\left(\frac{\varphi_1}{2}\right)}.$$

Danach ergibt sich:

$$\int_0^{\varphi_1} f'\, dK_1 = f_1 \frac{K_1 - 2q\sin\left(\frac{\varphi_1}{2}\right)}{\sin\left(\frac{\varphi_1}{2}\right)} = f_1 \frac{K' - C}{\sin\left(\frac{\varphi_1}{2}\right)} \quad . \; . \quad (200)$$

Hierbei ist nach Gl. 177 der resultierende Wälzarm:

$$f_1 = \frac{f_T' - f_t'}{2\,\zeta_1}.$$

Werden bei sehr kleinen Geschwindigkeiten die Fliehkräfte vernachlässigbar klein (in der Grenze $C = 0$), dann geht Gl. 200 in Gl. 178 über.

Unter B e r ü c k s i c h t i g u n g d e r F l i e h k r ä f t e gelten somit für den t r e i b e n d e n T e i l d e s o f f e n e n R i e m e n - t r i e b e s (Abb. 73) die folgenden G l e i c h g e w i c h t s b e d i n - g u n g e n :

$$1).\quad H = T_h = (T - t)\cos\left(\frac{\varphi_1}{2}\right) \quad \ldots \ldots \quad (201)$$

$$2).\quad K = T_v - C = (T + t - 2q)\sin\left(\frac{\varphi_1}{2}\right)$$

oder auch $K = K' - C$ $\quad \ldots \quad (202)$

$$3).\quad T_h\, m_1 = (T - t)\, r = M_1 - \int_0^{\varphi_1} f'\, dK_1 =$$

$$= M_1 - f_1 \frac{K' - C}{\sin\left(\frac{\varphi_1}{2}\right)} \quad \ldots \ldots \quad (203)$$

wobei f_1 d e r r e s u l t i e r e n d e W ä l z a r m für den treibenden Riementriebteil ist.

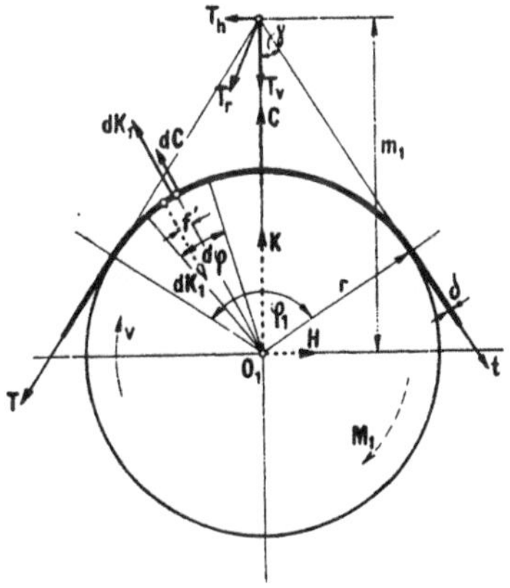

Abb. 73.

Außerdem bestehen für die Riemenspannungen und Auflagepressungen die Beziehungen:

$$T = t\, e^{\mu_1 \varphi_1}$$

$$p_{1t} = \frac{t - q}{r\, b}$$

$$p_{1T} = \frac{T - q}{r\, b} = \frac{t\, e^{\mu_1 \varphi_1} - q}{r\, b},$$

mit

$$q = \delta\, b\, \frac{\gamma_0}{g}\, v^2.$$

b) Kraftverhältnisse des getriebenen Riementriebteiles.

b_1). D i e G e s c h w i n d i g k e i t d e r D r e h u n g s e i s o k l e i n , d a ß d i e W i r k u n g d e r F l i e h k r ä f t e d e s R i e m e n s v e r n a c h l ä s s i g t w e r d e n k a n n .

Die bei der Drehung durch das an der treibenden Scheibe wirkende Moment M_1 hervorgerufenen Riemenspannungen T und t ergeben an der getriebenen Scheibe O_2 ein Drehmoment $(T - t)\, R$ (Abb. 74), welches unter Vermittlung der an der Auflagefläche des Riemens entstehenden Zahnkräfte dZ_2 das widerstehende Nutzmoment $M = P_2 R$ überwindet. Die Zahnkräfte dZ_2 ergeben ein Zahnmoment M_z'', das für den Riemen als Widerstandsmoment in Richtung von M_2, an der Scheibe aber als treibendes Kraftmoment entgegen dem Momente M_2 wirkt. Die von t auf T längs der Auflagefläche des Riemens hin sich ändernden Riemenspannungen haben auch eine entsprechende Verteilung der Auflagedrücke dK'' von einem Werte dK_t'' an der Stelle der Spannung t, auf den größeren Wert dK_T'' an der Stelle der Spannung T zur Folge. Über die Lage des Angriffspunktes der resultierenden Riemenspannungen in den einzelnen Riemenquerschnitten ist sinngemäß das gleiche zu sagen wie beim treibenden Teil. Der Abstand der resultierenden Spannungen von der Auflagefläche soll von einem Werte y_1' der Spannung T, auf einen Wert y_2' der Spannung t zunehmen.

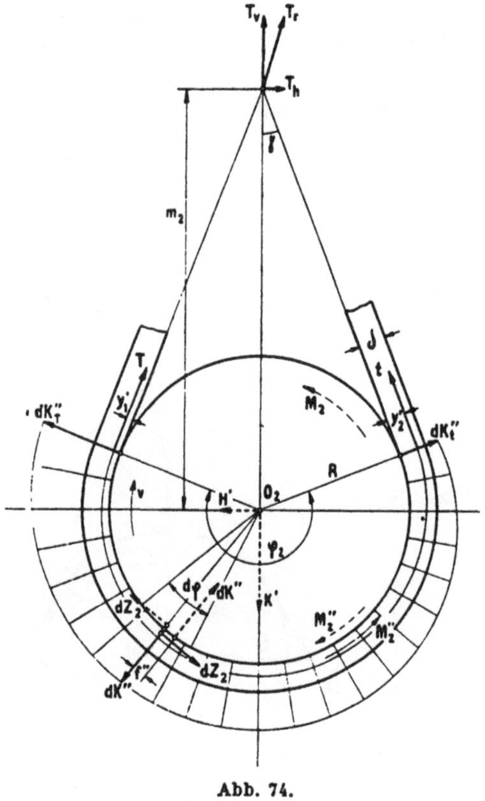

Abb. 74.

In Abb. 75 ist dasjenige Riemenelement vom Zentriwinkel $d\varphi$ dargestellt, für dessen Querschnitt durch $\overline{O_2 Y}$ die resultierende Spannung S'' unverändert gleich der im Ruhezustand des Riementriebes wirkenden Spannung S und für dessen unendlich nahe benachbarten Querschnitt durch $\overline{O_2 X}$ die resultierende Spannung gleich $S'' + dS''$ ist.

Die an diesem Riemenelement angreifenden Kräfte müssen folgenden Gleichgewichtsbedingungen entsprechen:

1). $dS'' = dZ_2$ . . . . (204)

2). $S'' \, d\varphi = dK''$ . . . . (205)

3). $dZ_2 \, R = (S'' + dS'')\,(R + y) - S''\,(R + y'')$ . . . . . (206)

Nach den Ausführungen beim treibenden Teil kommen die Formänderungsverluste des Riemens und der Scheibe erst bei den Gleichgewichtsbedingungen für die an der Scheibe angreifenden Kräfte als Formänderungsmomente $f'' \, dK''$ zur Geltung.

Wird aus Gl. 204 der Wert von

$$dZ_2 \, R = dS'' \, R \quad \ldots \ldots \ldots \ldots \quad (207)$$

in Gl. 206 eingesetzt, dann ist

$$S'' \, dy = y \, dS'' \quad \ldots \ldots \ldots \ldots \quad (208)$$

und

$$\frac{dS''}{S''} = \frac{dy}{y} \quad \ldots \ldots \ldots \quad (209)$$

Hieraus erhält man durch Integration in den Grenzen 0 bis φ_2, denen die Spannungen t und T entsprechen, unter Berücksichtigung der mit zunehmendem Winkel φ gerade entgegengesetzten Änderung von S'' und y''

$$\frac{y_2'}{y_1'} = \frac{T}{t} \quad \ldots \ldots \ldots \quad (210)$$

Es soll nun entsprechend den Ausführungen beim treibenden Teil (S. 72ff.) auch hier vorausgesetzt werden, daß für jedes Riemenelement

$$dZ_2 = \zeta_2 \, dK'' \quad \ldots \quad (211)$$

ist, wobei ζ_2 ein besonders von der elastischen Beschaffenheit des Riemens und der Scheibe abhängiger Zahlenfaktor ist.

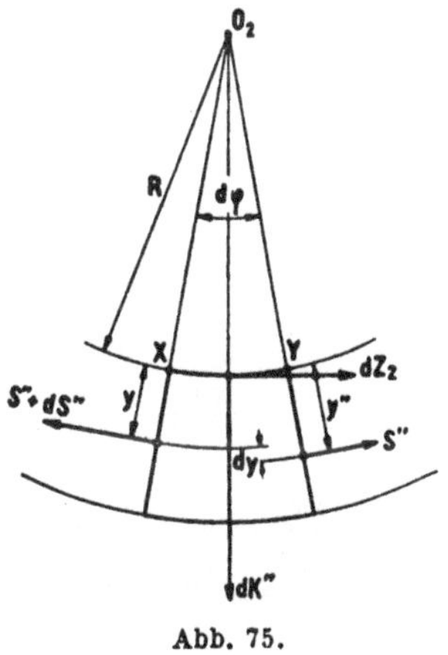

Abb. 75.

Wird der Wert von dZ_2 aus Gl. 211 in die Gl. 204 eingesetzt, so erhält man in Verbindung mit Gl. 206 durch Integration in den Grenzen 0 bis φ_2

$$T = t \, e^{\zeta_2 \varphi_2} \quad \ldots \quad (212)$$

Nach Gl. 156 gilt für den treibenden Teil

$$T = t \, e^{\zeta_1 \varphi_1},$$

so daß auch die Beziehung bestehen muß:

$$\zeta_2 \, \varphi_2 = \zeta_1 \, \varphi_1 \quad \ldots \ldots \ldots \ldots \quad (213)$$

Für parallelen Riementrieb ($r = R$) ist $\varphi_2 = \varphi_1$ und daher $\zeta_2 = \zeta_1$.

Mit $dK'' = p'' R \, b \, d\varphi$ ist nach Gl. 205 die spezifische Auflagepressung p'' an irgend einer Auflagestelle:

$$p'' = \frac{S}{R \, b}$$

und daher

$$p_t'' = \frac{t}{R\,b}$$

$$p_T'' = \frac{T}{R\,b} = \frac{t\,e^{\ddot{\mu}_2 \varphi_2}}{R \cdot b} = p_t''\,e^{\ddot{\mu}_2 \varphi_2} \quad . \; . \; . \; . \quad (214)$$

Die spezifischen Auflagepressungen p'', die Auflagedrücke dK'' und die ihnen proportionalen Zahnkräfte dZ_2 ändern sich n a c h d e m g l e i c h e n G e s e t z wie die Riemenspannungen.

Wird jeder Auflagedruck dK'' in horizontale und vertikale Komponenten dK_h'' und dK_v'', jede Zahnkraft dZ_2 in die entsprechenden Komponenten dZ_h'' und dZ_v'' zerlegt, dann gelten für die am Riemen angreifenden Kräfte die folgenden Gleichgewichtsbedingungen (Abb. 74):

$$1).\quad T_h = (T - t)\sin\gamma = \int_0^{\varphi_2} dK_h'' \pm \int_0^{\varphi_2} dZ_h'' \quad . \; . \; . \quad (215)$$

$$2).\quad T_v = (T + t)\cos\gamma = \int_0^{\varphi_2} dK_v'' \pm \int_0^{\varphi_2} dZ_v'' \quad . \; . \; . \quad (216)$$

$$3).\quad T_h\,m_2 = (T - t)\,R = \int_0^{\varphi_2} dZ_2\,R = M_Z'' \quad . \; . \; . \; . \quad (217)$$

Die Momentengleichung 217 kann aber nur unter Voraussetzung der durch Gl. 210 gegebenen Beziehung

$$T y_1' = t\,y_2'$$

bestehen, denn nur dann ist:

$$T\,(R + y_1') - t\,(R + y_2') = (T - t)\,R.$$

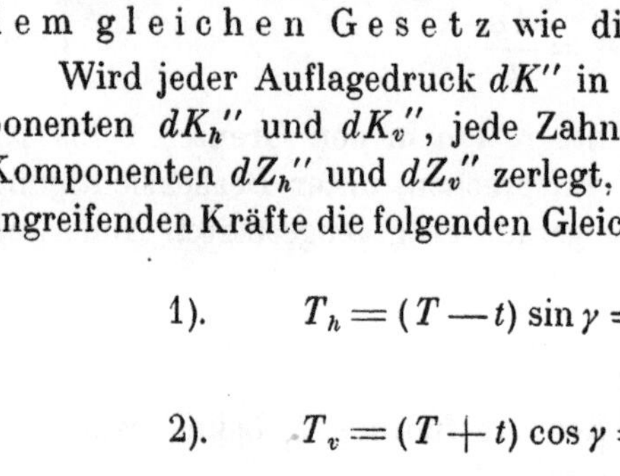

Abb. 76.

Für die an einem Scheibenelement vom Zentriwinkel $d\varphi$ angreifenden Kräfte (Abb. 76) gelten folgende Gleichgewichtsbedingungen:

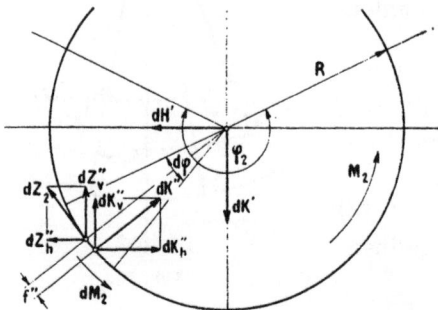

$$1).\; dK_h'' \pm dZ_h'' = dH' \quad . \; . \; . \; . \; . \; . \; . \; . \quad (218)$$

$$2).\; dK_v'' \pm dZ_v'' = dK' \quad . \; . \; . \; . \; . \; . \; . \; . \quad (219)$$

$$3).\; dZ_2\,R = dM_2 + f''dK'' \quad . \; . \; . \; . \; . \; . \; . \; . \quad (220)$$

Das Formänderungsmoment $f''dK''$ wirkt entgegen dem Momente der treibenden Zahnkraft dZ_2. Werden die Gl. 218 bis 220 in den

Grenzen von 0 bis φ_2 integriert, dann ergeben sich für die an der getriebenen Scheibe angreifenden Kräfte die folgenden Beziehungen:

$$1).\quad \int_0^{\varphi_2} dK_h'' \pm \int_0^{\varphi_2} dZ_h'' = H' \quad . \quad . \quad . \quad . \quad . \quad (221)$$

$$2).\quad \int_0^{\varphi_2} dK_v'' \pm \int_0^{\varphi_2} dZ_v'' = K' \quad . \quad . \quad . \quad . \quad . \quad (222)$$

$$3).\quad \int_0^{\varphi_2} dZ_2 R = M_2 + \int_0^{\varphi_2} f'' \, dK'' \quad . \quad . \quad . \quad . \quad (223)$$

wobei H' die horizontale und K' die vertikale Lagerkraft an der Drehachse O_2 ist (Abb. 74).

Vergleicht man mit diesen Gleichgewichtsbedingungen die nach den Gl. 215 bis 217 für die Riemenkräfte geltenden Bedingungen, dann müssen für den getriebenen Riementriebteil die nachfolgenden Beziehungen bestehen:

$$1).\quad H' = T_h = (T - t) \sin \gamma = (T - t) \cos \left(\frac{\varphi_2}{2}\right) = (T - t) \cos \left(\frac{\varphi_1}{2}\right) \quad (224)$$

$$2).\quad K' = T_v = (T + t) \cos \gamma = (T + t) \sin \left(\frac{\varphi_2}{2}\right) = (T + t) \sin \left(\frac{\varphi_1}{2}\right) \quad (225)$$

$$3).\quad (T - t) R = M_2 + \int_0^{\varphi_2} f'' \, dK'' \quad . \quad . \quad . \quad . \quad . \quad . \quad . \quad . \quad . \quad . \quad . \quad (226)$$

Die Lagerkräfte H' und K' an der Drehachse O_2 der getriebenen Scheibe sind gleich aber entgegengerichtet den Lagerkräften an der Drehachse O_1 der treibenden Scheibe. Die vertikale Lagerkraft K' ist gleich der im Ruhezustand des Triebes wirkenden Achsvorspannung.

Wird auch für die getriebene Scheibe angenommen, daß sich der Wälzarm f'' nach dem gleichen Gesetz wie die Riemenspannungen ändert und von einem Werte f_t'' an der Stelle der Spannung t, auf einen Wert f_T'' an der Stelle der Spannung T zunimmt, dann ist:

$$f'' = f_t'' e^{\zeta_2 \varphi} \quad . \quad . \quad . \quad . \quad . \quad . \quad . \quad . \quad . \quad (227)$$

$$f_T'' = f_t'' e^{\zeta_2 \varphi_2} \quad . \quad . \quad . \quad . \quad . \quad . \quad . \quad . \quad (228)$$

Mit $dK'' = S'' d\varphi = t e^{\zeta_2 \varphi} d\varphi$ ist:

$$\int_0^{\varphi_2} f'' \, dK'' = f_t'' t \int_0^{\varphi_2} e^{2 \zeta_2 \varphi_2} d\varphi = \frac{f_T'' - f_t''}{2 \zeta_2} (T + t) \quad . \quad . \quad (229)$$

Wird

$$\frac{f_T'' - f_t''}{2 \zeta_2} = f_2 \quad . \quad . \quad . \quad . \quad . \quad . \quad . \quad . \quad (230)$$

gesetzt und als **resultierender Wälzarm** für den getriebenen Teil des Riementriebes eingeführt, dann ist:

$$\int_0^{\varphi_2} f'' \, dK'' = f_2 (T + t) = f_2 \frac{K'}{\sin\left(\frac{\varphi_2}{2}\right)} = f_2 \frac{K'}{\sin\left(\frac{\varphi_1}{2}\right)} \quad . \quad (231)$$

b$_2$) **Kraftverhältnisse mit Berücksichtigung der bei der Drehung entstehenden Fliehkräfte des Riemens.**

Durch die bei der Drehung des Triebes entstehenden Fliehkräfte dC des Riemens werden bei sehr elastischem Riemenmaterial die Auflagedrücke dK'' auf einen Wert

$$dK_2 = dK'' - dC \quad . \; . \; . \; . \; . \; . \; . \; . \; . \; . \quad (232)$$

abnehmen, während jedes Riemenelement vom Zentriwinkel $d\varphi$ (Abb. 77) unverändert mit dem gleichen Drucke $dK'' = dK_2 + dC$ beansprucht wird. (Über den Einfluß der elastischen Beschaffenheit des Riemens vergleiche die Ausführungen auf S. 102 ff.) Für die am Riemenelement angreifenden Kräfte gelten nachfolgende Gleichgewichtsbedingungen:

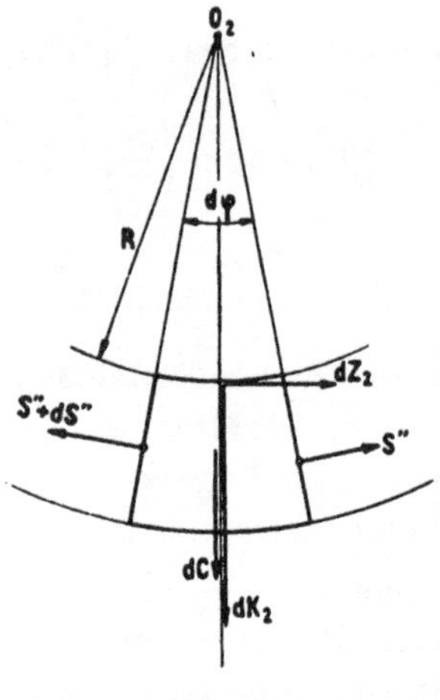

Abb. 77.

1). $dS'' = dZ_2$,

2). $S'' \, d\varphi = dK_2 + dC = dK''$,

3). $dZ_2 \, R = dS'' \, R$.

Dies sind dieselben Beziehungen, welche nach den Gl. 204, 205 und 207 für die am Riemenelement angreifenden Kräfte gelten, wenn die Fliehkräfte dC vernachlässigbar klein sind. Es werden daher auch für das Gleichgewicht der am ganzen Riemen angreifenden Kräfte mit Berücksichtigung der Fliehkräfte, die durch die Gl. 215 bis 217 gegebenen Bedingungen bestehen.

Da die Riemenspannungen durch die Fliehkräfte nicht geändert werden, so gilt unverändert die durch Gl. 212 bekannte Beziehung:

$$T = t \, e^{\zeta_2 \varphi_2}$$

mit

$$\zeta_2 = \frac{dZ_2}{dK''} = \frac{dZ_2}{dK_2 + dC}.$$

Die spezifischen Auflagepressungen werden aber durch die Fliehkräfte verkleinert.

Mit

$$dK_2 = p_2 R\, b\, d\varphi$$

$$dC = b\, \delta\, \frac{\gamma_0}{g}\, v^2\, d\varphi = q\, d\varphi$$

ist

$$dK'' = S''\, d\varphi = dK_2 + dC = p_2 R\, b\, d\varphi + q\, d\varphi$$

und daraus die spezifische Auflagepressung

$$p_2 = \frac{S'' - q}{R\, b} = \frac{t\, e^{\tilde{\mu}_2 \varphi} - q}{R\, b} \quad \ldots\ldots \quad (233)$$

Somit sind die den Endspannungen t und T entsprechenden spezifischen Auflagepressungen

$$p_{2t} = \frac{t - q}{R\, b} \quad \ldots\ldots\ldots \quad (234)$$

$$p_{2T} = \frac{T - q}{R\, b} = \frac{t\, e^{\tilde{\mu}_2 \varphi_2} - q}{R\, b} \quad \ldots\ldots \quad (235)$$

Die in Abb. 78 dargestellten, an einem Scheibenelement vom Zentriwinkel $d\varphi$ wirkenden Kräfte, müssen den folgenden Gleichgewichtsbedingungen entsprechen:

1). $dK_h \pm dZ_h'' = dH$ . . (236)

2). $dK_v \pm dZ_v'' = dK$ . . (237)

3). $dZ_2 R = dM_2 + f''\, dK_2$ (238)

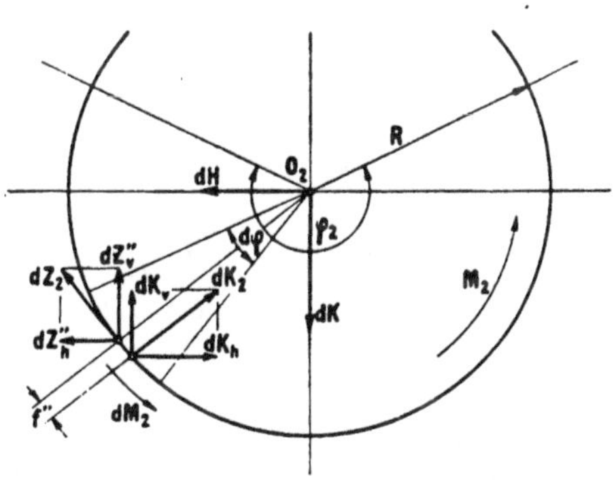

Abb. 78.

Integriert man diese Beziehungen in den Grenzen von 0 bis φ_2, dann erhält man die nachfolgenden Bedingungen für das Gleichgewicht der an der getriebenen Scheibe angreifenden Kräfte:

$$1).\quad \int_0^{\varphi_2} dK_h \pm \int_0^{\varphi_2} dZ_h'' = H \quad \ldots\ldots \quad (239)$$

$$2).\quad \int_0^{\varphi_2} dK_v \pm \int_0^{\varphi_2} dZ_v'' = K \quad \ldots\ldots \quad (240)$$

$$3).\quad \int_0^{\varphi_2} dZ_2\, R = M_2 + \int_0^{\varphi_2} f''\, dK_2 \quad \ldots\ldots \quad (241)$$

H und K sind die an der Drehachse O_2 der Scheibe angreifenden Lagerkräfte (Abb. 79).

Da $dK_2 = dK'' - dC$ ist, so müssen auch die folgenden Beziehungen bestehen:

$$\int_0^{\varphi_2} dK_h = \int_0^{\varphi_2} dK_h'' - \int_0^{\varphi_2} dC_h$$

$$\int_0^{\varphi_2} dK_v = \int_0^{\varphi_2} dK_v'' - \int_0^{\varphi_2} dC_v.$$

Mit $\varphi_2 = 2\pi - \varphi_1$ ist

$$\int_0^{\varphi_2} dC_h = \int_0^{\varphi_1} dC_h = 0$$

$$\int_0^{\varphi_2} dC_v = \int_0^{\varphi_1} dC_v = C = 2\,q \sin\left(\frac{\varphi_1}{2}\right) = 2\,q \sin\left(\frac{\varphi_2}{2}\right)$$

und daher

$$\int_0^{\varphi_2} dK_h = \int_0^{\varphi_2} dK_h'' \quad \ldots\ldots\ldots \quad (242)$$

$$\int_0^{\varphi_2} dK_v = \int_0^{\varphi_2} dK_v'' - C \quad \ldots\ldots \quad (243)$$

Mit diesen Werten erhält man aus den Gl. 239 und 240 die Beziehungen:

$$\int_0^{\varphi_2} dK_h'' \pm \int_0^{\varphi_2} dZ_h'' = H \quad \ldots\ldots \quad (244)$$

$$\int_0^{\varphi_2} dK_v'' \pm \int_0^{\varphi_2} dZ_v'' = K + C \quad \ldots\ldots \quad (245)$$

Vergleicht man damit die für die Riemenkräfte geltenden Gl. 215 und 216, so erhält man für die an der Drehachse O_2 der Scheibe unter Berücksichtigung der Fliehkräfte wirkenden Lagerkräfte H und K die folgenden Werte:

$$H = T_h = (T - t)\sin\gamma = (T - t)\cos\left(\frac{\varphi_2}{2}\right) = (T - t)\cos\left(\frac{\varphi_1}{2}\right). \quad (246)$$

$$K = T_v - C = [(T + t) - 2\,q]\sin\left(\frac{\varphi_2}{2}\right) = (T + t - 2\,q)\sin\left(\frac{\varphi_1}{2}\right) \quad (247)$$

Die an der Drehachse O_2 der getriebenen Scheibe wirkenden Lagerkräfte sind gleich, aber entgegengerichtet den an der Drehachse O_1 der treibenden Scheibe angreifenden Lagerkräften H und K. Die vertikale Lagerkraft $(K = T_v - C = K' - C)$ ist gleich der um die Resultierende aller vertikalen Fliehkraftkomponenten entlasteten Achsvorspannung im Ruhezustande des Triebes. Dies gilt eigentlich nur für vollkommen elastische Riemen. Über den Einfluß der in Wirklichkeit vorhandenen elastischen Beschaffenheit des Riemens vergleiche die Ausführungen auf S. 102 ff.

Mit der Beziehung nach Gl. 232 ergibt sich:

$$\int_0^{\varphi_2} f''\, dK_2 = \int_0^{\varphi_2} f''\, dK'' - \int_0^{\varphi_2} f''\, dC \quad . \; . \; . \; . \; . \quad (248)$$

Nach Gl. 231 ist:

$$\int_0^{\varphi_2} f''\, dK'' = f_2 \frac{K'}{\sin\left(\frac{\varphi_2}{2}\right)}$$

und mit $dC = q\, d\varphi$, sowie nach den Gl. 227 und 230 ergibt sich:

$$\int_0^{\varphi_2} f''\, dC = f_t''\, q \int_0^{\varphi_2} e^{\zeta_2 \varphi}\, d\varphi =$$

$$= 2q \frac{f_T'' - f_t''}{2\,\zeta_2} \quad . \; . \quad (249)$$

In Gl. 248 eingesetzt ist damit:

$$\int_0^{\varphi_2} f''\, dK_2 = f_2 \left[\frac{K' - 2\,q \sin\left(\frac{\varphi_2}{2}\right)}{\sin\left(\frac{\varphi_2}{2}\right)} \right] =$$

$$= f_2 \frac{(K' - C)}{\sin\left(\frac{\varphi_2}{2}\right)} = f_2 \frac{(K' - C)}{\sin\left(\frac{\varphi_1}{2}\right)} \quad (250)$$

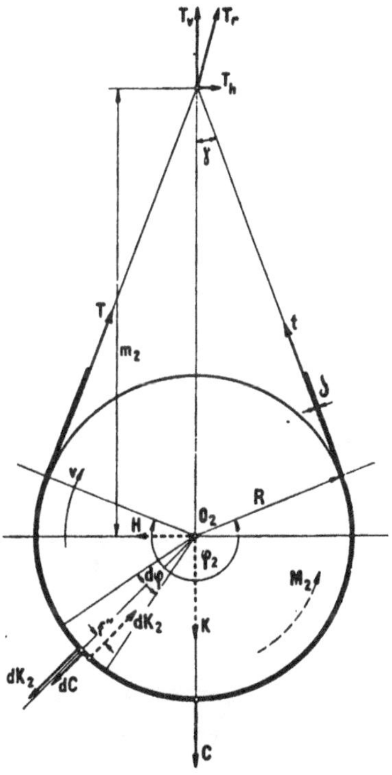

Abb. 79.

Werden die Fliehkräfte vernachlässigbar klein, dann geht Gl. 250 in die Beziehung nach Gl. 231 über.

Faßt man die Ergebnisse dieses Abschnittes zusammen, so erhält man für die am g e t r i e b e n e n T e i l d e s R i e m e n t r i e b e s angreifenden Kräfte, u n t e r B e r ü c k s i c h t i g u n g d e r F l i e h k r ä f t e , die folgenden Gleichgewichtsbedingungen (Abb. 79):

$$1).\; H = T_h = (T - t)\cos\left(\frac{\varphi_2}{2}\right) = (T - t)\cos\left(\frac{\varphi_1}{2}\right) \quad . \; . \; . \; . \; . \quad (251)$$

$$\left.\begin{array}{ll}2). & K = T_v - C = (T + t - 2q)\sin\left(\frac{\varphi_2}{2}\right) = (T + t - 2q)\sin\left(\frac{\varphi_1}{2}\right)\\ \text{oder} & K = K' - C\end{array}\right\} \quad (252)$$

$$3).\quad T_h m_2 = (T - t) R = M_2 + f_2 \frac{K' - C}{\sin\left(\frac{\varphi_2}{2}\right)} \quad \ldots\ldots\ldots \quad (253)$$

wobei f_2 der resultierende Wälzarm des getriebenen Riementriebteiles ist.

Außerdem bestehen die folgenden Beziehungen:

$$T = t\,e^{\breve{\mu}_2\varphi_2} = t\,e^{\breve{\mu}_1\varphi_1}$$

$$p_{2t} = \frac{t - q}{Rb}$$

$$p_{2T} = \frac{T - q}{Rb} = \frac{t\,e^{\breve{\mu}_2\varphi_2} - q}{Rb}$$

mit

$$q = \delta b \frac{\gamma_0}{g} v^2.$$

c) Kraftverhältnisse des offenen Riementriebes.

(Mit Berücksichtigung der Fliehkräfte des Riemens).

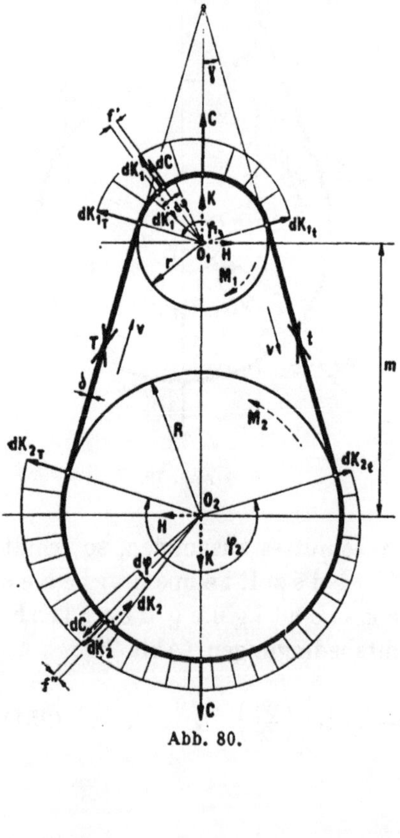

Abb. 80.

Durch Verbindung der Gleichgewichtsbedingungen für den treibenden und getriebenen Teil des Riementriebes (Gl. 201 bis 203 und 251 bis 253), oder unmittelbar aus dem in Abb. 80 dargestellten Kräfteplane, erhält man die für den ganzen Riementrieb geltenden Kräftebeziehungen:

$$H = T_h = (T - t)\sin\gamma \quad . \quad (254)$$

$$K = K' - C = (T + t - 2q)\cos\gamma \quad . \quad . \quad (255)$$

$$M_1 - M_2 + Hm - (f_1 + f_2)\frac{K' - C}{\cos\gamma} = 0 \quad (256)$$

$$T = t\,e^{\breve{\mu}_1\varphi_1} = t\,e^{\breve{\mu}_2\varphi_2} \quad . \quad . \quad (257)$$

$$p_{1t} = \frac{t - q}{rb},\quad p_{1T} = \frac{T - q}{rb} \quad (258)$$

$$p_{2t} = \frac{t - p}{R\,b}, \quad p_{2T} = \frac{T - q}{R\,b} \quad \ldots\ldots \quad (259)$$

mit

$$q = \delta\, b\, \frac{\gamma_0}{g}\, v^2 \quad \ldots\ldots\ldots\ldots \quad (260)$$

d) Wirkungsgrad des offenen Riementriebes.

(Mit Berücksichtigung der Fliehkräfte des Riemens.)

Unter dem Wirkungsgrad η des Riementriebes soll das Verhältnis der an der getriebenen Scheibe abgegebenen Nutzleistung $L_2 = P_2 v$, zu der an der treibenden Scheibe aufgewendeten Leistung $L_1 = P_1 v$, verstanden werden.

$$\eta = \frac{L_2}{L_1} = \frac{P_2}{P_1} \quad \ldots\ldots\ldots \quad (261)$$

Ist der Wirkungsgrad des treibenden Teiles

$$\eta_1 = \frac{T - t}{P_1}$$

und der Wirkungsgrad des getriebenen Teiles

$$\eta_2 = \frac{P_2}{T - t},$$

dann ist auch:

$$\eta = \eta_1\, \eta_2.$$

Aus Gl. 203 ergibt sich:

$$\eta_1 = \frac{T - t}{P_1} = 1 - \frac{f_1 (K' - C)}{r\, P_1 \sin\left(\frac{\varphi_1}{2}\right)} \quad \ldots\ldots \quad (262)$$

und aus Gl. 253

$$\eta_2 = \frac{P_2}{T - t} = 1 - \frac{f_2 (K' - C)}{R\,(T - t) \sin\left(\frac{\varphi_1}{2}\right)}$$

Wird für $T - t$ der Wert $\eta_1 P_1$ eingeführt, dann ist

$$\eta_2 = 1 - \frac{f_2 (K' - C)}{R\, \eta_1\, P_1 \sin\left(\frac{\varphi_1}{2}\right)} \quad \ldots\ldots \quad (263)$$

Hieraus und mit dem Werte von η_1 nach Gl. 262 ist dann:

$$\eta = 1 - \frac{f_1 (K' - C')}{r\, P_1 \sin\left(\frac{\varphi_1}{2}\right)} - \frac{f_2 (K' - C)}{R\, P_1 \sin\left(\frac{\varphi_1}{2}\right)}.$$

Da es auf den Wert der Wirkungsgrade η_1 und η_2 für die Teile des Riementriebes praktisch nicht so genau ankommt, so ist es auch für praktische Zwecke zulässig, mit einem Mittelwerte f aus den resultierenden Wälzarmen f_1 und f_2 zu rechnen.

Wird daher angenähert

$$f_1 = f_2 = f$$

gesetzt, dann ergibt sich:

$$\eta = 1 - \frac{f(K' - C)}{P_1 \sin\left(\frac{\varphi_1}{2}\right)} \left(\frac{1}{r} + \frac{1}{R}\right) \quad . \quad . \quad . \quad . \quad . \quad (264)$$

wobei f der mittlere resultierende Wälzarm des ganzen Riementriebes ist.

Abhängigkeit des Wirkungsgrades.

1). Der Wirkungsgrad des Riementriebes wird ein Maximum, wenn $\sin\left(\frac{\varphi_1}{2}\right) = 1$ ist, also für einen Umspannungswinkel von $\varphi = 180^0$. Damit ist auch $r = R$, und wir erhalten einen parallelen Riementrieb.

Für diesen Trieb ist nach Gl. 264 der Wirkungsgrad

$$\eta_{,,} = 1 - \frac{2 f(K' - C)}{r P_1} \quad , \quad . \quad . \quad . \quad . \quad . \quad (265)$$

2). Der Wirkungsgrad nimmt mit der Größe der Scheibendurchmesser zu.

Wird in Gl. 264 $\sin\left(\frac{\varphi_1}{2}\right)$ durch den Achsabstand m (Abb. 80) und die Scheibenradien ersetzt, dann ist auch:

$$\eta = 1 - \frac{f(K' - C)}{P_1 \sqrt{1 - \left(\frac{R - r}{m}\right)^2}} \left(\frac{1}{r} + \frac{1}{R}\right) \quad . \quad . \quad . \quad (266)$$

Da ein Vertauschen der Radien r und R den Ausdruck für den Wirkungsgrad nicht ändert, so ist es mit Rücksicht auf den Wirkungsgrad gleichgültig, ob aus dem Schnellen ins Langsame oder umgekehrt getrieben wird.

3). Bei bestimmtem Übersetzungsverhältnis wird der Wirkungsgrad um so günstiger, je größer der Achsabstand der beiden Scheiben ist.

4). Der Wirkungsgrad ist um so besser, je kleiner die Achsspannung $K = K' - C$ im Betriebe, gegenüber der aufgewendeten Umfangskraft P_1 ist. Bei unveränderter Achsvorspannung K' und Geschwindigkeit v des Triebes wird der Wirkungsgrad um so günstiger, je größer die Umfangskraft P_1 ist. Dies geschieht aber nur so lange, bis die Grenze der Übertragungsfähigkeit ohne Gleiten erreicht ist. Ähnlich würde bei unveränderter Achsvorspannung K' und Umfangskraft P_1 des Triebes, der Wirkungsgrad mit der Geschwindigkeit v bis zur Grenze der Übertragungsfähigkeit ohne Gleiten zunehmen.

5). Auf die Größe des Wirkungsgrades ist von besonderem Einfluß der mittlere resultierende Wälzarm f des Triebes. Je kleiner dieser ist, umso besser ist der Wirkungsgrad.

Der Wälzarm f ist vor allem von der zu leistenden Formänderungsarbeit bei der Kraftübertragung, somit nicht nur vom Material des Riemens und der Scheibe, sondern auch von den wirkenden Kräften und der Geschwindigkeit abhängig.

Die unter (4) angeführte Abhängigkeit des Wirkungsgrades von den Größen K', P_1 und v könnte somit durch die zunächst noch unbekannte Art der Abhängigkeit des Wälzarmes f von den genannten Größen entweder abgeschwächt oder gar ins Gegenteil gekehrt werden.

Um hierüber näheren Aufschluß zu erhalten, soll der Versuch gemacht werden, die Größe der Formänderungsarbeit bei einer unendlich kleinen Drehung des Riementriebes und dadurch den Wälzarm f wenigstens in angenäherter Weise zu bestimmen.

e) Angenäherte Bestimmung des Wälzarmes und die damit zusammenhängende Abhängigkeit des Wirkungsgrades.

Zur Vereinfachung der Rechnungen soll ein paralleler Riementrieb ($\varphi = \pi$, $r = R$) den weiteren Untersuchungen zugrunde gelegt und vorausgesetzt werden, daß die Formänderungsarbeit der Scheiben gegenüber der des Riemens vernachlässigbar ist. Da es sich hier nicht um eine genaue Bestimmung der Formänderungsarbeit und des Wälzarmes, sondern nur um eine ungefähre Festlegung der Abhängigkeit des Wälzarmes von den maßgebenden Größen des Riementriebes handelt, können die gemachten Voraussetzungen zugelassen werden.

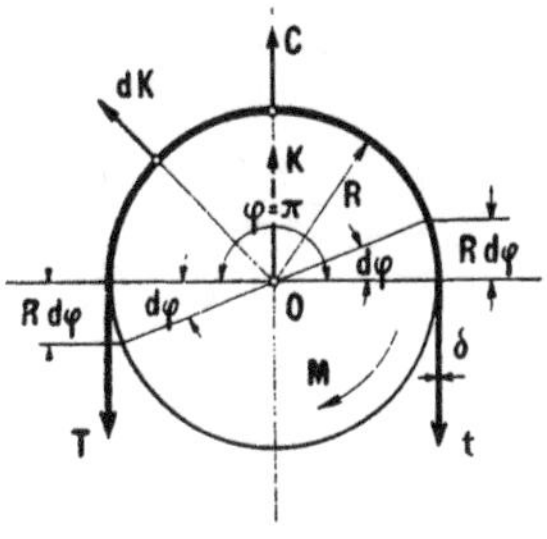

Abb. 81.

Bei jeder Drehung des Riementriebes um einen unendlich kleinen Winkel $d\varphi$ gelangt an der Auflaufseite jeder Scheibe ein

Riemenelement von der Länge $R\,d\varphi$ in den Bereich der von der Scheibe ausgehenden Kräfte (Abb. 81), die folgende Formänderungen hervorbringen:

1). Das Element wird an die Scheibe herangebogen,
2). durch die Auflagekräfte dK gedrückt und
3). durch die Spannungsdifferenz $T-t$, die angenähert gleich der Umfangskraft P_1 ist, gezogen bzw. gestaucht.

Gleichzeitig tritt aber auch an der Ablaufseite jeder Scheibe ein Riemenelement von der Länge $R\,d\varphi$ aus dem Bereiche der Scheibenkräfte hinaus. Die an der Auflaufseite eingeleitete Formänderung wird schließlich wieder bis auf Null zurückgehen. Hierbei werden Gegenkräfte frei, die Nutzarbeit auf die Scheiben zurückgeben. Aber nur wenn der Riemen vollkommen elastisch wäre, würde die aufgewendete Formänderungsarbeit in gleicher Größe rechtzeitig, d. h. solange das betreffende Riemenelement noch mit der Scheibe in Berührung ist, auf diese zurückgeleitet werden. Der gesamte Formänderungsverlust wäre dann gleich Null. Da es aber in Wirklichkeit keine vollkommen elastischen Riemen gibt, so wird nur ein Teil der aufgewendeten Formänderungsarbeit wiedergewonnen werden, und zwar um so mehr, je kleiner die Geschwindigkeit des Triebes ist.

Die hier geschilderten Vorgänge sind denjenigen ähnlich, die beim Abrollen eines Rades auf ebener Bahn vor sich gehen und die im Abschnitte »Allgemeines über Widerstände« (S. 10 ff.) näher behandelt worden sind.

Biegungsarbeit.

Bei der Drehung der Scheibe um den Winkel $d\varphi$ wird an der Auflaufseite ein Riemenelement von der Länge $R\,d\varphi$ an die Scheibe herangebogen (Abb. 82).

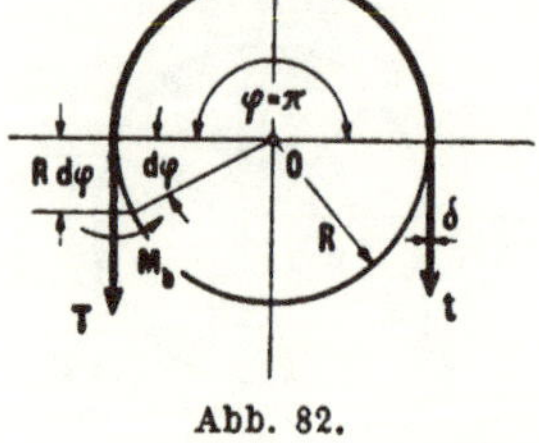

Abb. 82.

Der Krümmungsradius der elastischen Linie ist angenähert gleich dem Scheibenradius R.

Ist

M_b das Biegungsmoment,
J das entsprechende Trägheitsmoment des Riemenquerschnittes,
E der Elastizitätsmodul des Riemenmateriales,

dann ist bekanntlich:

$$M_b = \frac{JE}{R} \quad \ldots \ldots \ldots \quad (267)$$

und die elementare Biegungsarbeit:

$$A_1' = \frac{M_b^2 (R\,d\varphi)}{2\,J E} = \frac{J E}{2\,R} d\varphi \quad . \quad . \quad . \quad . \quad . \quad (268)$$

Von dieser Arbeit wird ein Teil an der Ablaufseite wiedergewonnen, so daß als Formänderungsverlust nur ein Teil von A_1' in Rechnung zu setzen ist. Dieser Arbeitsverlust sei angenähert:

$$A_1 = \sim \tau_1 \frac{J E}{R} d\varphi \quad . \quad . \quad . \quad . \quad . \quad . \quad . \quad (269)$$

wobei τ_1 ein Zahlenfaktor ist, der mit der Geschwindigkeit v zunimmt.

Biegungsbeanspruchung des Riemens.

Die durch das Biegungsmoment $M_b = \frac{J E}{R}$ hervorgerufene Biegungsspannung des Riemens ist:

$$\sigma_b = \frac{M_b\,\delta}{2\,J} = \frac{\delta\,E}{2\,R} \quad . \quad . \quad . \quad . \quad . \quad . \quad . \quad . \quad (270)$$

Mit Rücksicht auf einen zulässigen Grenzwert von σ_b darf $\frac{\delta}{R}$ nicht zu groß ausgeführt werden.

Nach Gl. 270 ist:

$$\frac{\delta}{R} = 2 \frac{\sigma_b}{E} \quad . \quad . \quad . \quad . \quad . \quad . \quad . \quad . \quad . \quad (271)$$

Beispiele:

Für Lederriemen mit $\sigma_b = \sim 40\ \text{kg/cm}^2$ und
$E = \sim 2400\ \text{kg/cm}^2$ wäre

$$\frac{\delta}{R} = \sim \frac{1}{30}.$$

Für $\delta = 5$ mm müßte daher $R > 150$ mm ausgeführt werden.

Für Stahlbandriemen mit $\sigma_b = \sim 1050\ \text{kg/cm}^2$ und
$E = \sim 2\,100\,000\ \text{kg/cm}^2$ ist

$$\frac{\delta}{R} = \sim \frac{1}{1000}.$$

Für $\delta = 0{,}5$ mm müßte somit $R \geqq 500$ mm gemacht werden.

Will man keine zu großen Scheiben erhalten, dann müssen bei Stahlbandtrieben sehr dünne Stahlbänder verwendet werden. Bei praktischen Ausführungen findet man Stahlbänder von 0,2 bis 0,9 mm Stärke[1]).

---

[1]) Vgl. Silberberg: »Entwicklung und Aussichten des Stahlbandtriebes«. Zeitschrift des Vereines Deutscher Ingenieure, Bd. 55. S. 1768.

Formänderungsarbeit der Auflagedrücke.

Bei der Drehung des Triebes um einen Winkel $d\varphi$ wird jedes Riemenelement von der Auflagefläche $R\,d\varphi\,b$ durch den zugehörigen Auflagedruck dK um

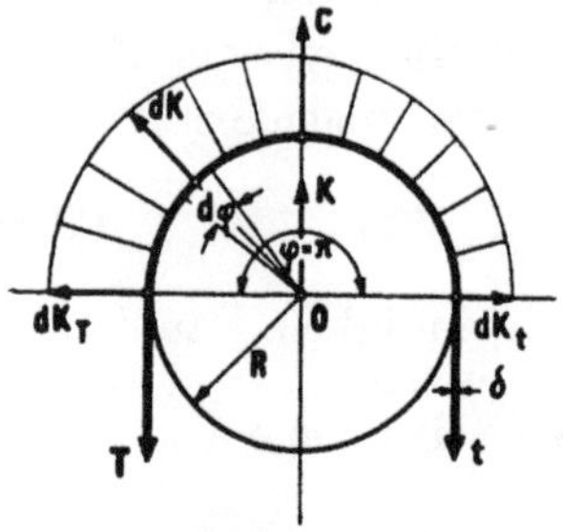

Abb. 83.

$$\xi_2 = \frac{dK\,\delta}{R\,d\varphi\,b\,E} \quad . \quad . \quad . \quad (272)$$

zusammengedrückt (Abb. 83).

Da hier nur ein ungefährer Mittelwert bestimmt zu werden braucht, kann angenähert

$$dK = \sim \frac{dK_T + dK_t}{2} = \frac{T+t}{2}\,d\varphi$$

gesetzt werden.

Mit

$$\frac{T+t}{2} = \frac{K+C}{2\sin\left(\frac{\varphi}{2}\right)} = \frac{K'}{2\sin\left(\frac{\varphi}{2}\right)}$$

wird für $\varphi = \pi$

$$dK = \sim \frac{K'}{2}\,d\varphi \quad . \quad . \quad . \quad . \quad . \quad . \quad . \quad . \quad (273)$$

Die aufgewendete Formänderungsarbeit ist dann:

$$A_2' = \frac{1}{2}\,dK\,\xi_2 = \frac{1}{8}\,\frac{K'^2\,\delta}{R\,b\,E}\,d\varphi.$$

Bei jeder Drehung der Scheibe um $d\varphi$ tritt an der Auflaufseite ein Riemenelement in den Bereich der Auflagedrücke dK und wird zusammengedrückt. Von der dabei zu leistenden Formänderungsarbeit A_2' wird an der Ablaufseite, beim gleichzeitigen Austritt eines Riemenelementes aus dem Bereiche der Kräfte dK, ein Teil zurückgewonnen. Der gesamte Formänderungsverlust durch die Auflagedrücke dK ist daher nur ein Teil von A_2', etwa

$$A_2 = \sim \tau_2\,\frac{K'^2\,\delta}{R\,b\,E}\,d\varphi \quad . \quad . \quad . \quad . \quad . \quad . \quad (274)$$

wobei τ_2 ein Zahlenfaktor ist, der mit der Geschwindigkeit v wächst.

Formänderungsarbeit der Riemenspannungen.

Bei der Drehung des Triebes wird jedes Riemenelement von der Länge $R\,d\varphi$ auf der treibenden Scheibe gestreckt, auf der getriebenen gestaucht (Abb. 84).

Ist die durch die Spannungsdifferenz $T - t$, welche angenähert gleich der Umfangskraft P_1 gesetzt werden kann, hervorgerufene Längenänderung der ganzen aufgelegten Riemenlänge gleich $\frac{P_1 R \varphi}{\delta b E}$, dann ist die Längenänderung eines Riemenelementes von der Länge $R\, d\varphi$ angenähert

$$\xi_3 = \frac{P_1 R}{\delta b E} d\varphi \quad . \quad . \quad . \quad (275)$$

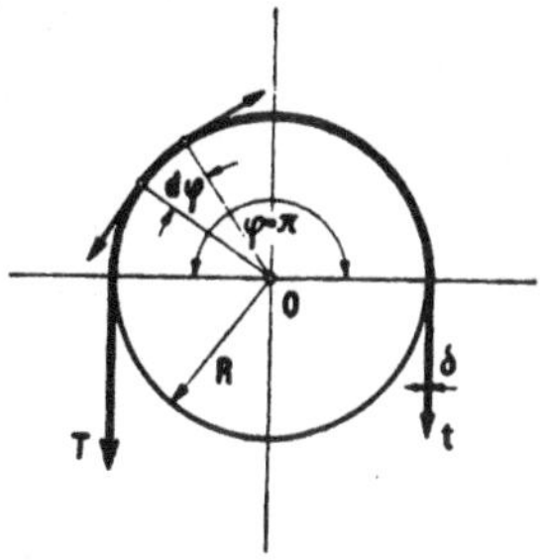

Abb. 84.

Die aufgewendete elementare Formänderungsarbeit ist dann:

$$A_3' = \frac{1}{2} P_1 \xi_3 = \frac{1}{2} \frac{P_1^2 R}{\delta b E} d\varphi.$$

Von dieser zur Streckung eines Riemenelementes an der treibenden Scheibe aufzuwendenden Formänderungsarbeit wird an der getriebenen Scheibe nur ein Teil zurückgewonnen, so daß im Mittel ein Formänderungsverlust

$$A_3 = \sim \tau_3 \frac{P_1^2 R}{\delta b E} d\varphi \quad . \quad . \quad . \quad . \quad . \quad . \quad . \quad (276)$$

entsteht.

Gesamte Formänderungsarbeit.

Die gesamte elementare Formänderungsarbeit, die bei der Drehung des Triebes um einen unendlich kleinen Winkel $d\varphi$ zu leisten ist, ergibt sich:

$$A = A_1 + A_2 + A_3 + \Sigma (A_v) \quad . \quad . \quad . \quad . \quad . \quad . \quad . \quad (277)$$

wobei unter $\Sigma (A_v)$ noch alle jene Arbeitsverluste verstanden sein sollen, die nicht als reine Formänderungsverluste anzusehen sind.

Hierher gehören z. B. der Luftwiderstands- und der Schlupfverlust.

Der Luftwiderstandsverlust nimmt mit der Größe der Querschnittsfläche $b\delta$ des Riemens und besonders mit der Geschwindigkeit v zu. Bei großen Geschwindigkeiten kann dieser Verlust nicht mehr vernachlässigt werden.

Der Umstand, daß die auf der treibenden Scheibe hervorgerufene Streckung des Riemens auf der getriebenen Scheibe durch Stauchen nur zum Teil rückgängig gemacht wird, hat einen Geschwindigkeitsverlust an der getriebenen Scheibe zur Folge, der von Kammerer als scheinbarer Schlupf bezeichnet wird[1]). Der diesem Schlupfe entsprechende Arbeitsverlust nimmt nach den Versuchen Kammerers proportional der Umfangskraft P_1 zu und ist im allgemeinen sehr klein. Erst wenn die Umfangskraft P_1 so groß geworden ist, daß ein Abwälzen fast vollständig aufhört und die treibende Scheibe zeitweilig am Riemen vorbeigleitet, nimmt der Schlupf immer größere Beträge an, bis schließlich der Riemen gar nicht mehr mitgenommen wird.

Es kann ohne weiteres vorausgesetzt werden, daß in dem gesamten Formänderungsmomente

$$M_w = \int_0^\varphi f' \, dK = \sim f \frac{K' - C}{\sin\left(\frac{\varphi}{2}\right)}$$

auch der Luftwiderstands- und Schlupfverlust mitberücksichtigt ist, wenn der mittlere resultierende Wälzarm f aus den durch praktische Versuche ermittelten Gesamtverlusten bestimmt wird.

Für den Sonderfall $\varphi = \pi$ ist:

$$M_w = f\,(K' - C) \quad \ldots\ldots\ldots\ldots \quad (278)$$

Die diesem Formänderungsmomente am Umfang der Scheibe vom Radius R entsprechende Umfangskraft ist

$$W_f = \frac{M_w}{R} = \frac{f}{R}\,(K' - C) \quad \ldots\ldots \quad (279)$$

Bei einer Drehung um $d\varphi$ leistet diese Umfangskraft eine Arbeit

$$A = W_f\,R\,d\varphi = f\,(K' - C)\,d\varphi \quad \ldots\ldots \quad (280)$$

Durch Gleichsetzen der Beziehungen nach den Gl. 277 und 280 und Einsetzen der Formänderungsarbeiten aus den Gl. 269, 274 und 276 erhält man:

$$f\,(K' - C) = \tau_1 \frac{JE}{R} + \tau_2 \frac{K'^2 \delta}{RbE} + \tau_3 \frac{P_1^2 R}{b \delta E} + \Sigma \left(\frac{A_v}{d\varphi}\right) \quad . \quad (281)$$

Führt man die Beziehungen

$P_1 = \sim b\,\delta\,\sigma_z$ (σ_z = Zugspannung),

$\dfrac{R}{\delta} = \dfrac{2\,\sigma_b}{E}$ (nach Gl. 271) und

$J = \dfrac{b\,\delta^3}{12}$ (für rechteckigen Riemenquerschnitt)

---

[1]) Kammerer: »Versuche mit Riemen- und Seiltrieben«, Heft 56 und 57 der Mitteilungen über Forschungsarbeiten des Vereines Deutscher Ingenieure.

in Gl. 281 ein, wobei alle Zahlenfaktoren in die Faktoren τ_1, τ_2 und τ_3 miteinbezogen werden, dann ist:

$$f = \sim \tau_1 \frac{P_1 \delta \sigma_b}{(K' - C) \sigma_z} + \tau_2 \frac{K'^2 \delta \sigma_z \sigma_b}{(K' - C) P_1 E^2} +$$

$$+ \tau_3 \frac{P_1 \delta \sigma_z}{(K' - C) \sigma_b} + \Sigma \left[\frac{A_v}{(K' - C) d\varphi} \right].$$

Wird noch der Einfachheit halber

$$\sigma_z = \sim \sigma_b = \sigma$$

gesetzt, dann ergibt sich:

$$f \cong \tau_1 \frac{P_1 \delta}{K' - C} + \tau_2 \frac{K'^2 \delta \sigma^2}{(K' - C) P_1 E^2} + \tau_3 \frac{P_1 \delta}{K' - C} + \Sigma \left[\frac{A_v}{(K' - C) d\varphi} \right] \quad (282)$$

Aus Gl. 282 ist zunächst zu ersehen, daß der Wälzarm f mit der Riemenstärke δ zunimmt.

Mit einfachen Lederriemen wird man daher unter sonst gleichen Umständen (gleiches P_1, K', R und v) einen besseren Wirkungsgrad erzielen als mit Doppelriemen. Man wird daher auch mit Rücksicht auf günstigen Wirkungsgrad es stets vorziehen, lieber dünne und breite, als dicke und schmale Riemen zu verwenden. In praktischen Betrieben fällt der Einfluß der Riemendicke auf die Güte des Wirkungsgrades nicht so auf, weil man mit Rücksicht auf die Biegungsbeanspruchung und die Haltbarkeit des Riemens gezwungen ist, bei Verwendung dickerer Riemen auch entsprechend größere Scheiben zu nehmen, wodurch der Wirkungsgrad wieder verbessert wird.

Da bei Stahlbandriemen nicht nur die Dicke δ, sondern auch die Größe $\frac{\sigma}{E}$ wesentlich kleiner ist als bei Lederriemen, so wird unter sonst gleichen Umständen mit Stahlbandtrieb ein besserer Wirkungsgrad erzielt werden können als mit Lederriemen oder Seilen[1]).

Von den Größen K' und P_1 ist der Wälzarm nach Gl. 282 in etwas verwickelter Form abhängig. Wie weit danach die durch Gl. 264 gegebene Abhängigkeit des Wirkungsgrades von diesen Größen bestehen bleibt, können nur praktische Versuche erweisen. Diese allein können auch nur zeigen, welchen Einfluß die Geschwindigkeit v auf den Wirkungsgrad hat. Denn während nach Gl. 264 der Wirkungsgrad bei unveränderter Achsvorspannung K' und Umfangskraft P_1, sowie gleichbleibendem Wälzarm f mit der Geschwindigkeit v zunehmen

[1]) Vgl. Silberberg: »Entwicklung und Aussichten des Stahlbandtriebes«, Z. d. V. D. I., Bd. 55.

müßte, ergibt die durch Gl. 282 gefundene Abhängigkeit des Wälzarmes f von der Geschwindigkeit, eine Abnahme des Wirkungsgrades mit der Geschwindigkeit. Der Einfluß des Wälzarmes f wird um so größer sein, je schlechter die elastische Beschaffenheit des verwendeten Riemen- oder Seilmateriales ist. (Für Seiltriebe gelten sinngemäß dieselben Grundgleichungen wie für Riementriebe.)

Die von Kammerer im Versuchslaboratorium für Maschinenelemente der Kgl. Technischen Hochschule zu Berlin ausgeführten Versuche mit Riemen- und Seiltrieben[1]), bei denen Riemen und Seile in einer den praktischen Verwendungszwecken vollkommen entsprechenden Weise untersucht und auch Dauerlaufproben unterworfen wurden, bestätigen die hier gefundenen Ergebnisse in ausreichend übereinstimmender Weise. Es sei besonders auf das durch die Versuche Kammerers erhaltene Resultat hingewiesen, daß bei Seiltrieben, im Gegensatze zu Riementrieben, eine Abnahme des Wirkungsgrades mit der Geschwindigkeit eintritt. Nach den hier gefundenen Ergebnissen ist dies vor allem auf die wesentlich ungünstigeren elastischen Eigenschaften des Seilmateriales zurückzuführen.

Die bis jetzt veröffentlichten Versuchsresultate der Kammererschen Versuche gestatten aber noch keine ausreichend sichere Bestimmung des Wälzarmes f, bzw. läßt sich daraus die Abhängigkeit des Wälzarmes f von den maßgebenden Größen K', P_1, δ, R, v usw. noch nicht scharf und eindeutig genug ableiten. Zu diesem Zwecke wären noch besondere Versuche erforderlich, bei denen immer nur einer der maßgebenden Faktoren geändert wird, die anderen aber möglichst konstant gehalten werden müssen. Derartige Versuche erfordern allerdings viel Zeit und bereiten größere Schwierigkeiten und Kosten, sie würden aber zur Klärung der bei Riemen- und Seiltrieben herrschenden Kraftverhältnisse wesentlich beitragen.

Um einen ungefähren Anhalt über die Größe des Wälzarmes zu erhalten, ist dieser aus verschiedenen Versuchsreihen der Kammererschen Versuche mit Hilfe der Gl. 264 und 265 berechnet worden. Für Lederriemen auf Eisenscheiben ergaben sich für f Werte von etwa 0,002 bis 0,03 m. Genauere zahlenmäßige Angaben über die Abhängigkeit des Wälzarmes f von den maßgebenden Größen des Riementriebes können erst nach Ausführung weiterer Versuche gemacht werden, bei denen, wie schon bemerkt wurde, stets nur eine der den Wälzarm f beeinflußenden Größen geändert werden darf.

---

[1]) Kammerer: »Versuche mit Riemen- und Seiltrieben«, Heft 56 und 57 der Mitteilungen über Forschungsarbeiten des Vereines Deutscher Ingenieure.

Wird angenommen, daß der Wälzarm f_1 des treibenden Teiles ungefähr gleich dem mittleren resultierenden Wälzarm f des ganzen Riementriebes ist, dann kann der Wirkungsgrad η_1 des treibenden Teiles allein aus Gl. 262 mit genügender Genauigkeit berechnet werden. Sodann erhält man aus den Beziehungen

$$T - t = \eta_1 P_1$$

$$T + t = \frac{K'}{\sin\left(\frac{\varphi_1}{2}\right)}$$

die Riemenspannungen:

$$T = \frac{K'}{2\sin\left(\frac{\varphi_1}{2}\right)} + \frac{P_1}{2}\eta_1 \quad \ldots\ldots \quad (283)$$

$$t = \frac{K'}{2\sin\left(\frac{\varphi_1}{2}\right)} - \frac{P_1}{2}\eta_1 \quad \ldots\ldots \quad (284)$$

und daraus das Spannungsverhältnis:

$$\frac{T}{t} = e^{\zeta_1 \varphi_1} = e^{\zeta_2 \varphi_2} = \frac{\dfrac{K'}{\sin\left(\frac{\varphi_1}{2}\right)} + P_1 \eta_1}{\dfrac{K'}{\sin\left(\frac{\varphi_1}{2}\right)} - P_1 \eta_1} \quad \ldots \quad (285)$$

Aus dieser Beziehung ist zu ersehen, daß das Spannungsverhältnis $\frac{T}{t}$ und daher auch die Zahlenfaktoren ζ_1 und ζ_2 vom Wirkungsgrad des Riementriebes abhängig sind, und zwar nehmen die genannten Größen mit dem Wirkungsgrade zu. Dies ist ein selbstverständliches Ergebnis; denn da die Summe der Riemenspannungen $T + t$ nur von der Achsvorspannung K' und dem Umspannungswinkel φ abhängt, somit unverändert bleibt, die Differenz der Riemenspannungen aber mit wachsendem Wirkungsgrade zunehmen muß, so wird auch das Spannungsverhältnis $\frac{T}{t}$ mit dem Wirkungsgrade wachsen müssen.

Es ist hier ein Umstand hervorzuheben, auf den schon Kammerer in seinen Versuchsberichten aufmerksam gemacht hat. Das Mitnehmen des Riemens oder Seiles durch die Scheibe und umgekehrt ist, solange kein Gleiten stattfindet, nicht allein auf den zwischen

Scheibe und Riemen bestehenden Reibungszustand zurückzuführen, sondern erfolgt in Wirklichkeit durch Adhäsionskräfte oder im Sinne meiner früheren Ausführungen durch mikroskopisch kleine Oberflächenzähne. Es darf nicht vergessen werden, daß Reibungskräfte erst entstehen können, wenn ein Gleiten zwischen Riemen und Scheibe schon eingetreten ist (vgl. auch die Abb. 10 S. 6). Solange die kleinen Zähne die zu übertragenden Zahnkräfte dZ aushalten, ohne zu brechen oder vollständig abzubiegen, wird selbst bei kleinen Auflagedrücken dK ein sicheres Mitnehmen des Riemens erfolgen können. Erst wenn an dem einen oder an beiden Körpern die kleinen Zähne brechen oder so weit abgebogen sind, daß die Scheibe am Riemen vorbeigleiten kann, entstehen Reibungskräfte, deren Summe aber wesentlich kleiner als die vorher übertragene Umfangskraft (Zahnkraft) sein kann.

Wäre das Mitnehmen des Riemens nur durch die Reibungskräfte bedingt, dann müßte

$$\frac{T}{t} = e^{\mu \varphi_1}$$

sein, wobei μ der Reibungskoeffizient zwischen Riemen und Scheibe ist.

Mit $\varphi_1 = \pi$ und $\mu = 0{,}3$ (für Lederriemen auf Eisenscheibe) könnte das Spannungsverhältnis $\frac{T}{t}$ höchstens den Wert von 2,5 erreichen. In Wirklichkeit ist aber nach den Versuchen Kammerers sichere Kraftübertragung ohne Gleiten noch bei einem Spannungsverhältnis $\frac{T}{t} \sim 5$ möglich. Hieraus ist auf die vorher beschriebene Art der Kraftübertragung mittels kleiner Oberflächenzähne ohne weiteres zu schließen, da man unmöglich annehmen kann, daß sich der Reibungskoeffizient μ während des Betriebes auf fast das Dreifache des ursprünglichen Wertes erhöht. Der Zahlenfaktor ζ_1 in der Beziehung $\frac{T}{t} = e^{\zeta_1 \varphi_1}$ kann nämlich nahezu den Wert 1 erreichen.

Durch die Kammererschen Versuche wird auch nachgewiesen, daß sich der Achsdruck K im Betriebe mit Belastung, nicht auf den theoretischen Wert $K' - C$, sondern höher einstellt, und zwar ist er um so größer, je größer die zu übertragende Umfangskraft, also auch die Zahnkräfte dZ sind. Man kann sich vorstellen, daß die kleinen Oberflächenzähne durch die Zahnkräfte dZ aneinander gepreßt werden und dadurch dem Abheben des elastischen Riemens von der Scheibe durch die Fliehkräfte dC einen Widerstand entgegensetzen, der mit wachsenden Zahnkräften dZ größer wird. Im Leerlaufe des Triebes, bei welchem die kleinsten Zahnkräfte wirken, wird somit die größte Entlastung der Auflagedrücke dK_1 und der Achsvorspannung K' durch die Fliehkräfte erfolgen müssen. Dies wird durch die Versuche von Kammerer bestätigt, welche zeigen, daß besonders bei Lederriemen im Leerlaufe eine Entlastung der Achsvorspannung bis nahezu auf den theoretischen Wert $K' - C$ erfolgt. Daß die elastische Beschaffenheit des Riemens oder Seiles hierbei von großem Einflusse ist, wurde schon bei der Ableitung der Gleichgewichtsbedingungen (S. 77 und 86) hervorgehoben. Je schlechter die elastische Beschaffenheit ist, desto geringer wird die Entlastung durch die Fliehkräfte sein. Bei unelastischen Riemen würde die Achsspannung K im Betriebe gleich der Achsvorspannung K' im Ruhezustande des Triebes bleiben.

Der hier besprochene Einfluß der elastischen Beschaffenheit des Riemenmateriales ist in der Gl. 264 für den Wirkungsgrad im Wälzarm f mitberücksichtigt, wenn dieser aus den Ergebnissen praktischer Versuche bestimmt wird.

f) Erklärung verschiedener Reibungszustände.

Die Annahme, daß jeder Körper elastisch nachgiebige Oberflächenzähne besitzt, die beim Zusammendrücken zweier Körper zum Eingriffe gebracht werden, gestattet eine einfache Erklärung verschiedener wichtiger Reibungszustände. In allen Fällen soll aber vorausgesetzt werden, daß zwischen den aneinander vorbeigleitenden Körpern keine nennenswerte Flüssigkeitsschicht (Schmiermittel) vorhanden ist, weil bei stärkeren Schmierschichten zwischen den Körpern die wesentlich kleinere Flüssigkeitsreibung in Erscheinung tritt, die von den maßgebenden Größen in ganz anderer Weise abhängt, wie die Reibungskräfte bei trockenen oder wenig geschmierten Oberflächen der Körper.

Der Unterschied zwischen der sog. »Reibung der Ruhe« und »Reibung der Bewegung« läßt sich folgendermaßen erklären: Damit der Körper 1 (Abb. 85), auf den die Kraft K wirkt, an dem festgehaltenen Körper 2 in Richtung des Pfeiles vorbeigeschoben werden kann, müssen zunächst die kleinen Oberflächenzähne an beiden Körpern abgebogen oder zum Teil weggebrochen werden.

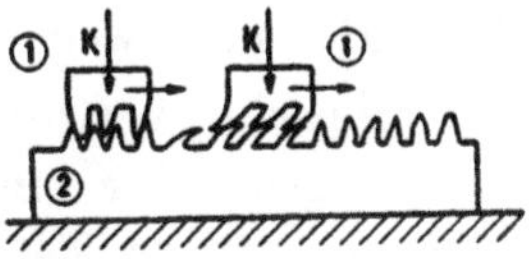

Abb. 85.

(Reibung der Ruhe!) Bei weiterer Bewegung brauchen aber nur die kleinen Zähne am Körper 2 abgebogen zu werden, so daß dann eine kleinere Kraft zur Überwindung des Widerstandes erforderlich ist. (Reibung der Bewegung!) Nach dem Vorbeistreichen des Körpers 1 richten sich die kleinen Oberflächenzähne des Körpers 2 wieder auf. Sind die Zähne aber weggebrochen, dann entstehen neue Unebenheiten (Zähne), denen aber unter Umständen andere Reibungskräfte (geänderter Reibungskoeffizient) entsprechen.

Gleitet ein Körper an einem zweiten in stets unveränderter Lage vorbei, wie z. B. ein Zapfen in seinem Lager, dann wird der nach dem ersten Abbiegen der Oberflächenzähne entstehende Reibungswiderstand der Bewegung noch kleiner sein müssen, als wenn der erste Körper bei seiner Bewegung die Zähne am zweiten Körper stets wieder abzubiegen hätte, wie dies bei dem vorher beschriebenen Gleiten ohne Wiederkehr an die Anfangsstelle der Fall ist. Es wird daher selbst bei gleichen Materialien und vollständig gleicher Beschaffenheit der Oberflächen, der Reibungskoeffizient verschieden groß sein können, je nachdem die beiden Körper beim Gleiten ihre Lage stets beibehalten (wie z. B. ein Zapfen und sein Lager), oder relativ zu einander ändern.

Es dürfen daher Reibungskoeffizienten μ nur bei der Berechnung solcher praktischer Anwendungsfälle benutzt werden, bei denen die Bewegungs- und Kraftverhältnisse nur wenig oder gar nicht von denjenigen abweichen, die bei den Versuchen zur Bestimmung des betreffenden Reibungskoeffizienten vorhanden waren.

Die allgemein als Reibung der Ruhe bezeichnete Reibungskraft ist gar keine Reibung der Ruhe, sondern auch eine Reibung der Bewegung. Sie wäre besser als »Anlaufreibung« zu bezeichnen, denn die dabei aufzuwendende Mehrarbeit ist ähnlich derjenigen, die beim Anlaufen oder Anfahren von Körpern oder Triebwerken zur Beschleunigung der Massen zu leisten ist. Es gibt auch einen dem Auslauf von bewegten Massen ähnlichen Zustand der Reibung (»Auslaufreibung«), da sich beim Aufhören der Bewegung die abgebogenen kleinen Oberflächenzähne beider Körper wieder aufrichten, wobei Gegenkräfte entstehen müssen, ähnlich den beim Auslauf von bewegten Körpern frei werdenden Massenkräften.

Die hier vertretene Auffassung der Reibungserscheinungen gestattet auch eine einfache Erklärung für die durch praktische Versuche bestätigte Tatsache, daß die bei bearbeiteten Oberflächen zweier Körper auftretenden Reibungskräfte in der Regel größer sind als bei unbearbeiteten Flächen. Bei diesen sind nämlich die kleinen Oberflächenzähne (Unebenheiten) meistens viel höher und daher leichter abzubiegen als die niedrigeren, aber dabei kräftigeren Zähne bearbeiteter Flächen.

Der Einfluß des Normaldruckes K (Abb. 85) auf die Größe der Reibungskräfte ist dadurch erklärbar, daß bei Zunahme von K die kleinen Oberflächenzähne immer tiefer und fester ineinander gepreßt werden, so daß ein Abbiegen der Zähne immer schwieriger wird. Es ist aber nicht mit Bestimmtheit vorauszusagen, daß die Reibungskraft in allen Fällen proportional dem Normaldrucke K zunehmen muß.

Der Umstand, daß unter Voraussetzung gleicher Normaldrücke K, bei einer großen Berührungsfläche zweier Körper gleichzeitig mehr Zähne abzubiegen sind als bei kleinerer Fläche, läßt darauf schließen, daß auch die Größe der gemeinsamen Berührungsfläche sowie die Größe und Verteilung der elementaren Auflagedrücke dK auf die Größe der Reibungskraft von Einfluß sein werden. Hierüber fehlen aber einwandfreie Versuche.

Auch die Abhängigkeit der Reibungskräfte von der Relativgeschwindigkeit beider Körper läßt sich nur durch praktische Versuche einwandfrei bestimmen. Daß die Reibungskräfte in bestimmten Fällen mit der Geschwindigkeit abnehmen, läßt sich durch folgendes Beispiel zeigen: Bei einer Backenbremse (vgl. Abb. 27 S. 29) wird jeder abgebogene Oberflächenzahn der Bremsscheibe, der aus dem Bereiche des Bremsbackens tritt, sich wieder aufrichten wollen. Für das vollständige Aufrichten des Zahnes ist je nach der elastischen Beschaffenheit des Materiales eine bestimmte Zeit erforderlich. Je mehr sich der Zahn aufgerichtet hat, bis er bei weiterer Drehung der Scheibe wieder unter die Bremsbackenfläche gelangt, desto größer wird die zu seinem neuerlichen Abbiegen erforderliche Kraft und somit auch der Reibungswiderstand sein. Da die zum Aufrichten des Zahnes verfügbare Zeit mit der Drehgeschwindigkeit der Scheibe abnimmt, so wird auch der Reibungswiderstand mit der Geschwindigkeit abnehmen.

Nach den bisherigen Ausführungen ist auch der Reibungswiderstand als ein Formänderungswiderstand aufzufassen, der aber als eine in der jeweiligen Berührungsfläche beider Körper wirkende Kraft in die Erscheinung tritt.

2. Gekreuzter Riementrieb.

Bei diesem Riementrieb ist der Riemen in gekreuzter Form um die Scheiben geschlungen, so daß bei Drehung der einen Scheibe die andere durch den Riemen im umgekehrten Drehsinne mitgenommen wird. Mit den in Abb. 86 eingeführten Bezeichnungen gelten zur Kennzeichnung des Triebes die folgenden Beziehungen:

$$R + r = m \sin \gamma = m \cos \left(\frac{\varphi_1}{2}\right) = m \cos \left(\frac{\varphi_2}{2}\right)$$

$$\varphi_1 = \varphi_2 = \varphi.$$

Kraftverhältnisse mit Berücksichtigung der Fliehkräfte.

Über die Wirkung und Verteilung der Riemenspannungen, Auflagedrücke und Zahnkräfte, sowie über die Größe und Richtung der Lagerkräfte an den Drehachsen O_1 und O_2 ist sinngemäß das gleiche zu sagen wie beim offenen Riementrieb. Es ist nur zu beachten, daß sowohl das Nutzmoment $M_2 = P_2 R$, sowie die horizontale Lagerkraft H infolge der Riemenkreuzung ihre Richtung gegenüber dem offenen Riementriebe geändert haben.

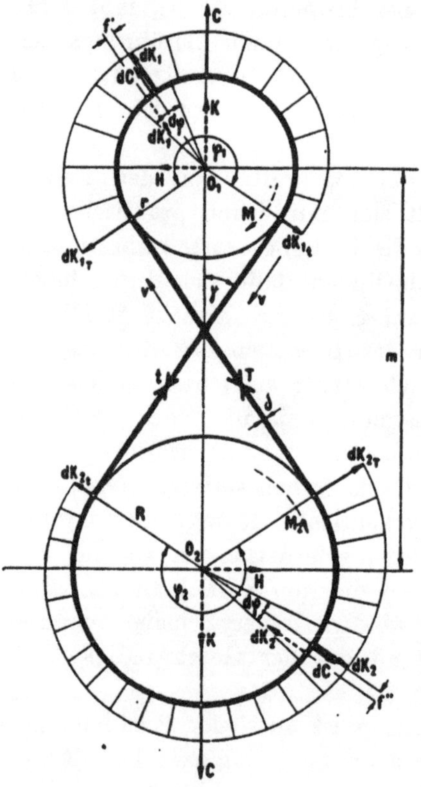
Abb. 86.

Für den **treibenden** und **getriebenen Teil** des Riementriebes gelten **dieselben Gleichgewichtsbedingungen wie für den offenen Riementrieb** (Gl. 201 bis 203 S. 81 und Gl. 251 bis 253 S. 89). Nur bei der Aufstellung der Gleichgewichtsbedingungen für den ganzen Riementrieb ist auf das Vorzeichen der Kräfte und Momente zu achten. Mit den Bezeichnungen nach Abb. 86 gelten die folgenden Beziehungen:

$$1).\quad H = T_h = (T - t) \sin \gamma = (T - t) \cos \left(\frac{\varphi}{2}\right) \quad . \quad . \quad (286)$$

$$2).\quad K = K' - C = (T + t) \cos \gamma = (T + t) \sin \left(\frac{\varphi}{2}\right) \quad . \quad (287)$$

wobei K' die Achsvorspannung im Ruhezustande des Triebes ist.

$$3).\quad M_1 + M_2 - H\,m - (f_1 - f_2)\frac{K' - C}{\sin\varphi} = 0 \quad . \quad . \quad . \quad (288)$$

$$T = t\,e^{\mu\varphi} \quad . \quad . \quad . \quad . \quad . \quad . \quad . \quad . \quad . \quad . \quad . \quad . \quad (289)$$

$$p_{1t} = \frac{t - q}{r\,b},\quad p_{1T} = \frac{T - q}{r\,b} \quad . \quad . \quad . \quad . \quad . \quad (290)$$

$$p_{2t} = \frac{t - q}{R\,b},\quad p_{2T} = \frac{T - q}{R\,b} \quad . \quad . \quad . \quad . \quad . \quad (291)$$

$$q = \delta\,b\,\frac{\gamma_0}{g}\,v^2 \quad . \quad . \quad . \quad . \quad . \quad . \quad . \quad . \quad . \quad . \quad . \quad (292)$$

Wirkungsgrad.

Die beim offenen Riementrieb für den Wirkungsgrad des treibenden und getriebenen Teiles sowie für den ganzen Trieb abgeleiteten Beziehungen (Gl. 262 bis 264) gelten unverändert auch für den gekreuzten Riementrieb. Für gleiche Scheibenradien ($r = R$) ist hier aber:

$$\eta = 1 - \frac{2\,f\,(K' - C)}{r\,P_1 \sin\left(\frac{\varphi}{2}\right)} \quad . \quad . \quad . \quad . \quad . \quad . \quad (293)$$

Über die Abhängigkeit des Wirkungsgrades und des Wälzarmes f von den Größen K', P, v, δ usw. ist ebenfalls das gleiche zu sagen wie beim offenen Riementrieb.

Wird der Wälzarm f aus den Ergebnissen praktischer Versuche berechnet, dann sind in ihm auch die durch die Kreuzung des Riemens hervorgerufenen großen Formänderungen der Außenfasern des Riemens mitberücksichtigt.

Bei allen Untersuchungen über »Riementriebe« ist die Wirkung des Riemeneigengewichtes vernachlässigt worden. Bei horizontalem Riementriebe, auf den sich auch die Versuche Kammerers ausschließlich beziehen, hat das Eigengewicht des Riemens, namentlich bei großen Achsenentfernungen, einen gewissen (aber unwesentlichen) Einfluß auf die Größe und Verteilung der Auflagekräfte und der Riemenspannungen. Von einer Berücksichtigung dieses Einflusses ist aber abgesehen worden, um die Rechnungsvorgänge und die Übersicht der einzelnen Untersuchungen nicht zu erschweren.

IV. Seiltriebe.

I. Seiltrieb ohne Seilklemmung.

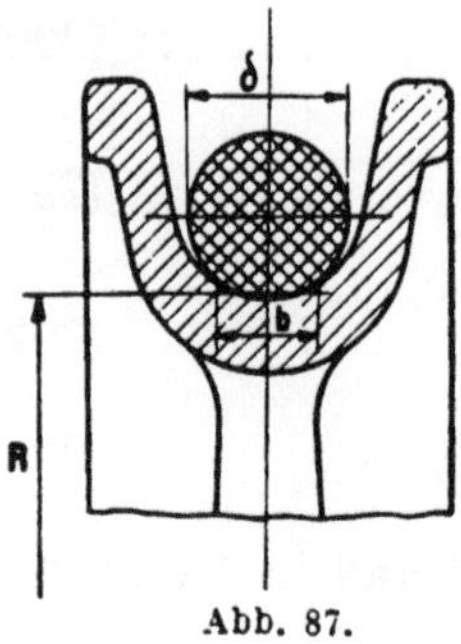

Abb. 87.

Bei einrilligem Seiltriebe ohne Seilklemmung gelten sinngemäß die gleichen Beziehungen für die wirkenden Kräfte und Widerstände wie beim offenen Riementriebe.

Als Breite der Auflagefläche (Abb. 87) kommt je nach der Form der Rille und des Seiles sowie der elastischen Beschaffenheit des Seilmateriales eine Größe $b \leq \delta$ in Betracht.

Es sollen hier nur einige Sonderfälle kurz untersucht werden.

a) Feste Rolle.

Die Kraftverhältnisse an einer festen Rolle vom Radius R sind vollständig identisch mit denjenigen an der getriebenen Scheibe eines Riementriebes (Abb. 88). Da beim Betriebe einer festen Rolle die Geschwindigkeit v sehr klein ist, so kann der Einfluß der Fliehkräfte vernachlässigt werden. Es gelten somit die Gleichgewichtsbedingungen nach den Gl. 224 bis 226 und zwar:

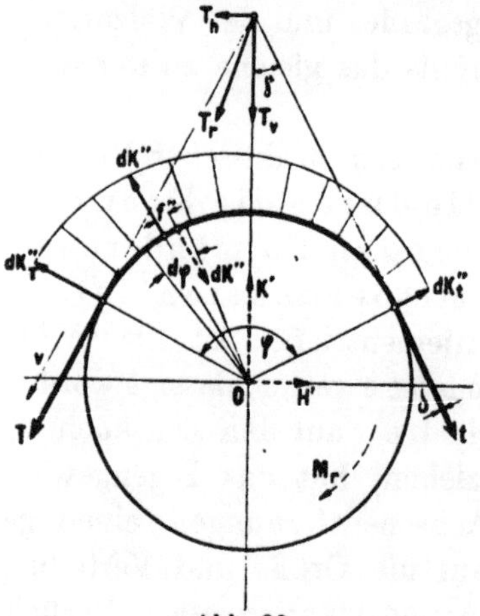

Abb. 88.

$$1).\ H' = T_h = (T - t)\sin\gamma = = (T - t)\cos\left(\frac{\varphi}{2}\right) \quad . \quad . \quad (294)$$

$$2).\ K' = T_v = (T + t)\cos\gamma = = (T + t)\sin\left(\frac{\varphi}{2}\right) \quad . \quad . \quad (295)$$

$$3).\ (T - t)\,R = M_r + \int_0^{\varphi} f''\,dK''$$

und mit Bezug auf Gl. 231

$$(T - t)\,R = M_r + f\,\frac{K'}{\sin\left(\frac{\varphi}{2}\right)} \quad . \quad . \quad . \quad . \quad . \quad . \quad . \quad (296)$$

Hierbei ist:

f der **resultierende Wälzarm** der festen Rolle,
t die **Last**,
T die aufzuwendende **Kraft** und
M_r das **Zapfenreibungsmoment** an der Drehachse O, das der Einfachheit halber vernachlässigt oder im Momente der Last mitenthalten sein soll. In Gl. 296 ist daher $M_r = 0$ zu setzen, so daß die Beziehung besteht:

$$T = t + \frac{f\,K'}{R \sin\left(\frac{\varphi}{2}\right)} \quad \ldots\ldots \quad (297)$$

Wirkungsgrad.

Der Wirkungsgrad der festen Rolle ist

$$\eta = \frac{t}{T} \quad \ldots\ldots\ldots \quad (298)$$

Wird aus Gl. 295 der Wert für K' in Gl. 297 eingeführt, dann ist:

$$\eta = \frac{1 - \frac{f}{R}}{1 + \frac{f}{R}} = 1 - \frac{2f}{R+f} \quad \ldots\ldots \quad (299)$$

Der Wirkungsgrad der festen Rolle wird danach um so größer, je größer der Rollenradius R und je kleiner der Wälzarm f ist. Nach den Untersuchungen beim Riementrieb, die sinngemäß auch hier gelten, ist der Wälzarm f außer von den wirkenden Kräften, noch von der elastischen Beschaffenheit und den Festigkeitseigenschaften der Scheibe und besonders des Seiles, sowie von der Dicke des Seiles abhängig. **Dünne, elastische Stahlseile** werden somit einen besseren Wirkungsgrad ergeben als **Hanfseile**, **eiserne Rollen** günstiger sein als **Holzrollen**.

Wird $f = R$, dann ist $\eta = 0$.

Wie beim Riementrieb gilt auch hier die Beziehung:

$$T = t\,e^{\zeta\varphi},$$

wonach der Wirkungsgrad auch folgenden Wert besitzt:

$$\eta = \frac{t}{T} = \frac{1}{e^{\zeta\varphi}} \quad \ldots\ldots\ldots \quad (300)$$

Der Wirkungsgrad würde danach mit der Größe des Umschlingungswinkels φ abnehmen und in der Grenze für $\varphi = \infty$ (unendlich viele

Umschlingungen) den Wert Null erreichen. Daraus ist zu schließen, daß der Wälzarm f mit dem Umschlingungswinkel φ zunehmen und in der Grenze für $\varphi = \infty$ den Wert R erreichen muß, denn für diesen Wert des Wälzarmes wird der Wirkungsgrad nach Gl. 299 ebenfalls $=0$. Die Größe des Wälzarmes f und seine zahlenmäßige Abhängigkeit von den maßgebenden Größen kann in zuverlässiger Weise nur durch praktische Versuche bestimmt werden. Da hier nur eine Scheibe vorhanden ist, so wird unter sonst gleichen Umständen der Wälzarm f kleinere Werte besitzen als beim Riementrieb.

Wird z. B. für eine feste eiserne Rolle mit Drahtseil der Wälzarm $f = \sim 0{,}002$ m angenommen, dann ergibt sich für $R = 0{,}1$ m aus Gl. 299 ein Wirkungsgrad von ungefähr 98%.

Ist der Wälzarm oder der Wirkungsgrad aus Versuchen bekannt, dann kann auch der Zahlenfaktor ζ, der bei einem bestimmten Umschlingungswinkel φ für das Spannungsverhältnis $\frac{T}{t} = e^{\zeta\varphi}$ maßgebend ist, bestimmt und außerdem die Richtigkeit der Beziehung $T = t\,e^{\zeta\varphi}$ nachgeprüft werden.

b) Lose Rolle.

Die lose Rolle hat nur in der besonderen Anordnung mit paralleler Seilführung praktische Bedeutung (Abb. 89).

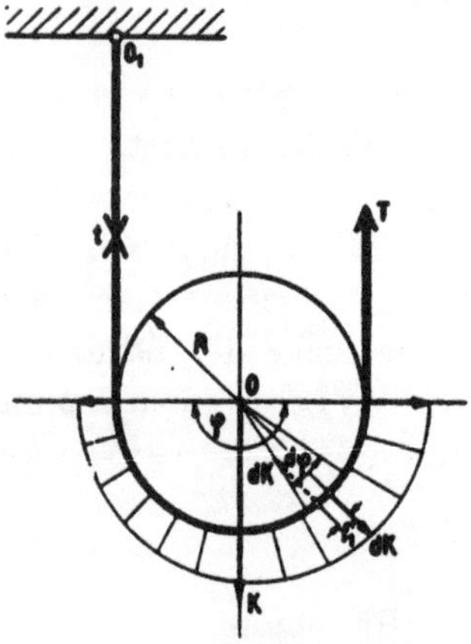

Abb. 89.

Die Gleichgewichtsbedingungen für diesen Sonderfall sind:

$$T + t = K \quad . \quad . \quad . \quad (301)$$

$$(T - t)\,R = \int_0^{\pi} f_1{}'\,dK = f K \quad . \quad (302)$$

Hierbei ist

f der mittlere resultierende Wälzarm der losen Rolle,

K die Last und

T die aufzuwendende Kraft.

Aus den Gl. 301 und 302 ergibt sich:

$$T = \frac{K}{2}\left(1 + \frac{f}{R}\right) \quad . \quad . \quad . \quad . \quad . \quad . \quad . \quad . \quad (303)$$

$$t = \frac{K}{2}\left(1 - \frac{f}{R}\right) \quad . \quad . \quad . \quad . \quad . \quad . \quad . \quad . \quad (304)$$

$$\frac{T}{t} = e^{\zeta\pi} = \frac{1+\frac{f}{R}}{1-\frac{f}{R}} \quad \ldots\ldots\ldots \quad (305)$$

Das Verhältnis der Seilspannungen besitzt unter sonst gleichen Umständen (bei gleichem R, φ und f) denselben Wert wie bei der festen Rolle $\left(\text{aus Gl. 299 den Wert } \frac{T}{t} = \frac{1}{\eta}\right)$.

Wirkungsgrad.

Ist v die Geschwindigkeit der Last K, dann ist $v' = 2v$ die Geschwindigkeit der Kraft T. Es ist dann der Wirkungsgrad:

$$\eta = \frac{Kv}{Tv'} = \frac{K}{2T} \quad \ldots\ldots\ldots \quad (306)$$

Aus Gl. 303 ist daher:

$$\eta = \frac{1}{1+\frac{f}{R}} = 1 - \frac{f}{R+f} \quad \ldots\ldots \quad (307)$$

Über die Abhängigkeit des Wirkungsgrades von R und f ist ungefähr das gleiche zu sagen wie bei der festen Rolle.

Wird in Gl. 306 der Wert für K aus Gl. 301 und $T = t\,e^{\zeta\pi}$ eingesetzt, dann ist auch:

$$\eta = \frac{1}{2}\left(1 + \frac{1}{e^{\zeta\pi}}\right) \quad \ldots\ldots\ldots \quad (308)$$

Würde man das Seil anstatt nur um einen Winkel $\varphi = \pi$ über 3π, 5π oder allgemein über einen Winkel $\varphi = (2n-1)\,\pi$ um die Rolle legen, wobei n die fortlaufenden ganzen Zahlen bedeutet, dann wäre:

$$\eta = \frac{1}{2}\left(1 + \frac{1}{e^{\zeta(2n-1)\pi}}\right) \quad \ldots\ldots \quad (309)$$

Mit wachsendem n würde η immer kleiner werden, in der Grenze für $n = \infty$ aber immer noch den Wert 0,5 besitzen. Hieraus und aus dem Vergleiche der Beziehungen nach den Gl. 299 und 307 erkennt man, daß unter sonst gleichen Umständen (gleiche R, f und φ) der Wirkungsgrad der losen Rolle besser ist als bei der festen Rolle.

c) Lasttrommel.

Eine mit spiralförmigen Rillen für das Aufwickeln eines Seiles versehene Trommel wird zum Heben einer Last Q verwendet, die an das freie Ende des Seiles angehängt ist. Das Seil sei an der Stelle B mit der Trommel fest verbunden (Abb. 90). Bei der Drehung der Trommel durch das Moment M entstehen an allen Stellen der Auflagefläche des Seiles Zahnkräfte dZ, sowie an der Befestigungsstelle B die Kraft Z, die alle für die Scheibe als Widerstände, für das Seil als treibende Kräfte wirken. Außerdem entstehen noch an allen Auflagestellen Normaldrücke dK, denen Formänderungsmomente $dK\,f'$ entsprechen.

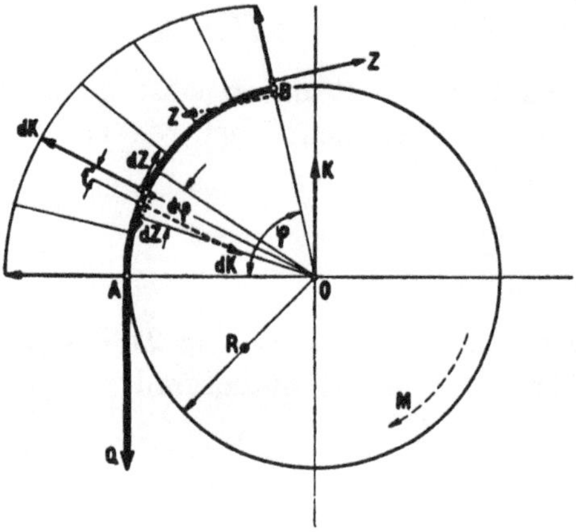

Abb. 90.

Es sollen die Kraftverhältnisse für die augenblickliche Lage von B unter dem Drehwinkel φ zur Anfangslage $\overline{OA}$ zunächst für das Seil und die Scheibe getrennt untersucht und dabei die Fliehkräfte mit Rücksicht auf die meist geringe Geschwindigkeit v der Drehung vernachlässigt werden.

Kraftverhältnisse des Seiles.

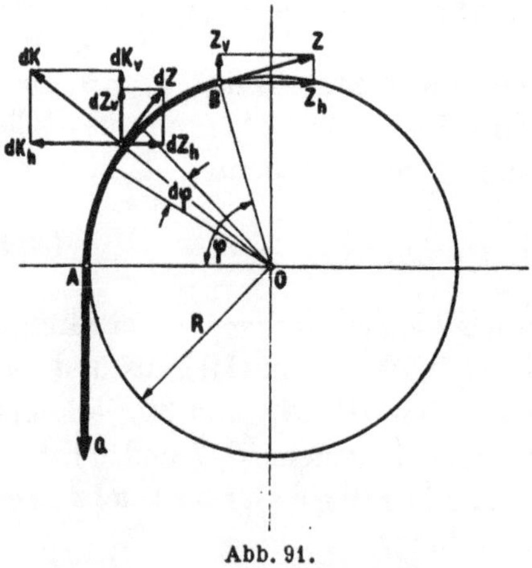

Abb. 91.

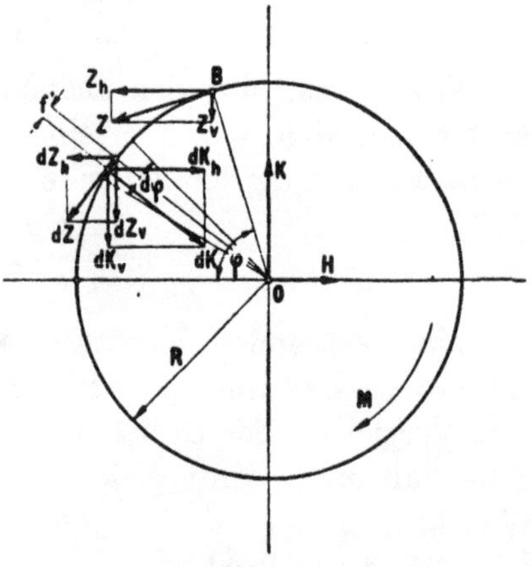

Abb. 92.

Für die am Seile angreifenden Kräfte (Abb. 91) müssen folgende Gleichgewichtsbedingungen bestehen:

$$1).\ \int_0^{\varphi} dK_h - \int_0^{\varphi} dZ_h = Z_h \quad \ldots\ldots \quad (310)$$

$$2).\ \int_0^{\varphi} dK_v + \int_0^{\varphi} dZ_v = Q - Z_v \quad \ldots\ldots \quad (311)$$

$$3).\ QR = ZR + \int_0^{\varphi} dZ\, R \quad \ldots\ldots \quad (312)$$

Hieraus ergibt sich:

$$Q = Z + \int_0^{\varphi} dZ \quad \ldots\ldots \quad (313)$$

Kraftverhältnisse der Scheibe.

Für die an der Scheibe angreifenden Kräfte (Abb. 92) lauten die Gleichgewichtsbedingungen:

$$1).\ \int_0^{\varphi} dK_h - \int_0^{\varphi} dZ_h = Z_h - H \quad \ldots\ldots \quad (314)$$

$$2).\ \int_0^{\varphi} dK_v + \int_0^{\varphi} dZ_v = K - Z_v \quad \ldots\ldots \quad (315)$$

$$3).\ ZR + \int_0^{\varphi} dZ\, R + \int_0^{\varphi} f'\, dK = M \quad \ldots \quad (316)$$

Die Formänderungsmomente $f'dK$ kommen nach den Ausführungen beim Riementriebe (S. 74 ff.) nur an der Scheibe rechnerisch zur Geltung und ergeben ein dem treibenden Momente M entgegendrehendes Moment $\int_0^{\varphi} f'\, dK$.

Kraftverhältnisse an der Lasttrommel.

Durch Verbindung der für das Seil und die Scheibe abgeleiteten Gleichgewichtsbedingungen erhält man folgende Beziehungen für die an der Lasttrommel angreifenden Kräfte:

$$1).\ H = 0 \quad \ldots\ldots \quad (317)$$

$$2).\ K = Q \quad \ldots\ldots \quad (318)$$

$$3).\ M = QR + \int_0^{\varphi} f'\, dK \quad \ldots\ldots \quad (319)$$

An der Drehachse O der Trommel wirkt nur eine der Last Q gleiche, aber entgegengerichtete Lagerkraft K.

Wird nach Gl. 178 für

$$\int_0^{\varphi} f' \, dK = f(Z + Q) \quad \ldots \ldots \quad (320)$$

gesetzt, wobei f der **mittlere resultierende Wälzarm** der Lasttrommel ist, dann erhält man:

$$M = QR + f(Z + Q) \quad \ldots \ldots \quad (321)$$

Aus Gl. 313 ist

$$Z = Q - \int_0^{\varphi} dZ.$$

Q ist somit stets die größte, Z die kleinste Seilspannung. Zwischen diesen Seilspannungen besteht ähnlich wie beim Riementriebe die Beziehung:

$$\frac{Q}{Z} = e^{\zeta \varphi}$$

und daraus

$$Z = \frac{Q}{e^{\zeta \varphi}} \quad \ldots \ldots \ldots \quad (322)$$

Wird dieser Wert in Gl. 321 eingeführt, dann ist:

$$M = QR\left[1 + \frac{f}{R}\left(1 + \frac{1}{e^{\zeta \varphi}}\right)\right] \quad \ldots \ldots \quad (323)$$

Wirkungsgrad.

Der Wirkungsgrad eines solchen Lasttrommeltriebes ist:

$$\eta = \frac{QR}{M}.$$

Nach Gl. 323 ergibt sich:

$$\eta = \frac{1}{1 + \frac{f}{R}\left(1 + \frac{1}{e^{\zeta \varphi}}\right)} \quad \ldots \ldots \quad (324)$$

Vom Radius R und Wälzarm f ist somit der Wirkungsgrad in gleicher Weise abhängig, wie dies auch bei allen anderen Riemen- und Seiltrieben gefunden wurde. Nur die Abhängigkeit vom Umschlingungswinkel φ ist eine etwas andere. Nach Gl. 324 würde η mit wachsendem Winkel φ zunehmen. Dieses Ergebnis muß aber mit Rücksicht auf die Abhängigkeit des Wälzarmes f vom Umschlingungswinkel φ eingeschränkt werden, da der Wälzarm nach den Ausführungen bei der festen und losen Rolle mit φ wächst. Wie der Wirkungsgrad in Wirklichkeit von der Größe des Umschlingungswinkels φ abhängt, kann in zuverlässiger Weise nur durch praktische Versuche ermittelt werden.

2. Einrilliger Seiltrieb mit Seilklemmung.

Auch für den in den Abb. 90 und 91 dargestellten Klemmseiltrieb gelten die für den Riementrieb abgeleiteten Beziehungen mit nur unwesentlichen Abweichungen, die mit dem Klemmwinkel β

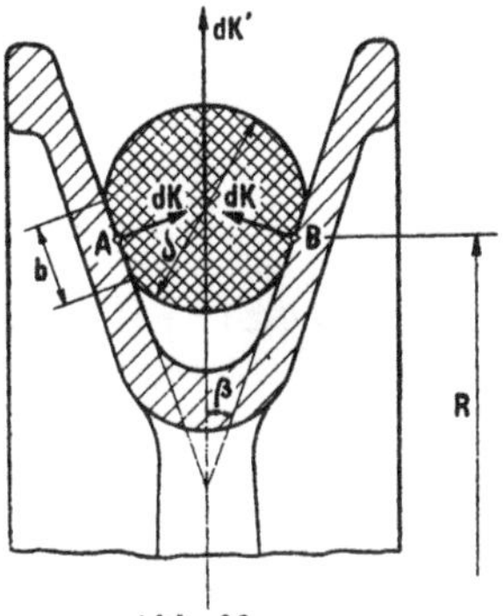

Abb. 93.

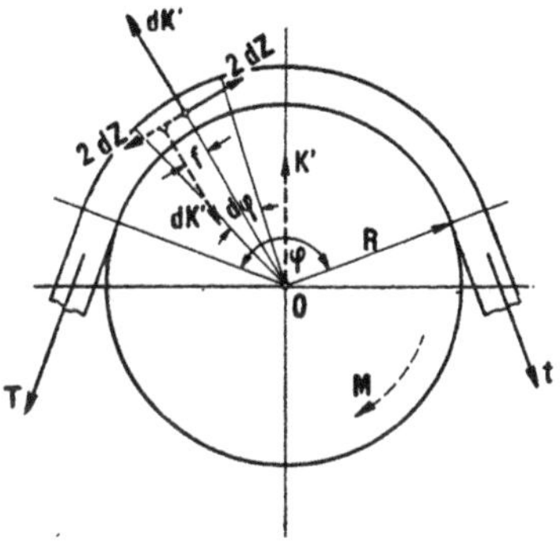

Abb. 94.

zusammenhängen. Das Mitnehmen des Seiles geschieht durch Zahnkräfte dZ, die an den Klemmstellen A und B im Radius R wirken.

Ist dK der an jeder Klemmstelle angreifende elementare Auflagedruck, so kann für jeden Seilquerschnitt ein resultierender, radial gerichteter Normaldruck

$$dK' = 2\,dK \sin\beta = 2\,p\,R\,b \sin\beta\,d\varphi \quad (325)$$

bestimmt werden, wobei p die spezifische Auflagepressung für die Flächeneinheit der Klemmflächen des Seiles und b die Auflagebreite jeder Klemmfläche ist.

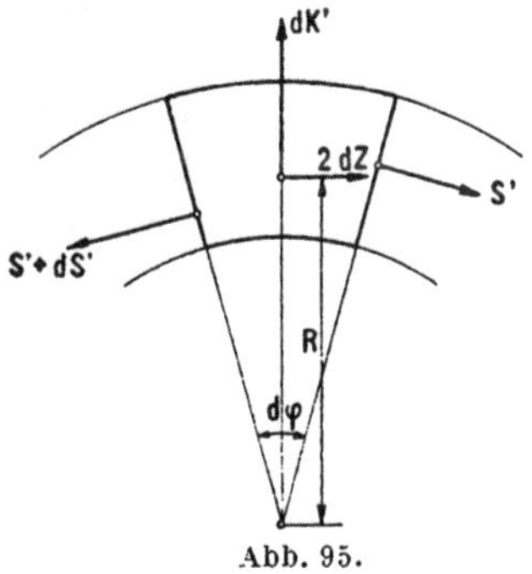

Abb. 95.

Für die an einem Seilelemente vom Zentriwinkel $d\varphi$ (Abb. 95) angreifenden Kräfte gelten folgende Gleichgewichtsbedingungen:

1). $dS' = 2\,dZ$ . . . . (326)

2). $S'\,d\varphi = dK' = 2\,dK \sin\beta$ . . . . (327)

3). $dS'\,R = 2\,dZ\,R$ . . . . (328)

Wird wie beim Riementrieb (S. 72 ff.)

$$dZ = \zeta\, dK \quad \ldots \quad (329)$$

gesetzt, wobei ζ ein besonders von der elastischen Beschaffenheit des Seiles abhängiger Zahlenfaktor ist, dann ergibt sich aus den Gl. 326 und 327:

$$\frac{dS'}{S'} = \frac{\zeta}{\sin\beta}\, d\varphi$$

und durch Integration in den Grenzen 0 bis φ

$$T = t\, e^{\frac{\zeta}{\sin\beta}\varphi} = t\, e^{\zeta'\varphi} \quad \ldots \quad (330)$$

mit

$$\zeta' = \frac{\zeta}{\sin\beta} \quad \ldots \quad (331)$$

Aus den Gl. 325 und 327 erhält man die spezifische Auflagepressung

$$p = \frac{S'}{2\sin\beta\, R\, b} \quad \ldots \quad (332)$$

und aus Gl. 328 durch Integration in den Grenzen 0 bis φ

$$M = \int_0^\varphi 2\, dZ\, R = \int_0^\varphi dS'\, R = (T - t)\, R \quad \ldots \quad (333)$$

Für einen offenen einrilligen Seiltrieb mit geklemmtem Seil (entspr. Abb. 80) erhält man daher für den treibenden und getriebenen Teil, sowie für den ganzen Trieb dieselben Gleichgewichtsbedingungen wie beim offenen Riementrieb. Nur für die Seilspannungen und die spezifischen Auflagepressungen gelten nach den Gl. 330 bis 332 die folgenden abgeänderten Beziehungen:

$$T = t\, e^{\zeta_1'\varphi_1} = t\, e^{\zeta_2'\varphi_2} \quad \ldots \quad (334)$$

mit

$$\zeta_1' = \frac{\zeta_1}{\sin\beta} \text{ und } \zeta_2' = \frac{\zeta_2}{\sin\beta} \quad \ldots \quad (335)$$

$$p_{1t} = \frac{t - q}{2\sin\beta\, r\, b}, \quad p_{1T} = \frac{T - q}{2\sin\beta\, r\, b} \quad \ldots \quad (336)$$

$$p_{2t} = \frac{t - q}{2\sin\beta\, R\, b}, \quad p_{2T} = \frac{T - q}{2\sin\beta\, R\, b} \quad \ldots \quad (337)$$

$$q = \frac{\pi}{4}\delta^2 \frac{\gamma_0}{g} v^2 \quad \ldots \quad (338)$$

Wirkungsgrad.

Für den Wirkungsgrad eines solchen Seiltriebes gelten sinngemäß die gleichen Beziehungen wie für einen Riementrieb (Gl. 262 bis 264). Nur für den Wälzarm f ist nach Gl. 177 S. 76 zu setzen:

$$f = \frac{f_T' - f_t'}{2\zeta'} = \frac{(f_T' - f_t')\sin\beta}{2\zeta} \quad . \; . \; . \; . \; . \quad (339)$$

Danach würde die Klemmung des Seiles unter sonst gleichen Umständen (gleiche Materialien von Seil und Scheibe, gleiches R, δ, ν usw.) eine Verkleinerung des Wälzarmes und somit eine Verbesserung des Wirkungsgrades gegenüber Seiltrieben mit ungeklemmtem Seile zur Folge haben. Wie sehr aber anderseits die durch die Seilklemmung vergrößerte Formänderungsarbeit den Wirkungsgrad verschlechtert, welcher Art somit der tatsächliche Einfluß der Seilklemmung auf den Wirkungsgrad ist, das kann nur durch praktische Versuche bestimmt werden. Durch die Seilklemmung wird aber besonders bei Seilen aus nachgiebigem, weichem Material (Hanf, Baumwolle usw.) die Grenze der Übertragungsfähigkeit ohne Gleiten wesentlich erhöht. Bei Stahlseiltrieben wird von der Seilklemmung kein Gebrauch gemacht. Man zieht es vor, die Lauffläche des Seiles an der Eisenscheibe mit Holz oder Leder auszufüttern und dadurch eine Erhöhung der Übertragungsfähigkeit ohne Gleiten zu erreichen.

Auf die Abhängigkeit des Wälzarmes und des Wirkungsgrades von den Größen K', P_1, δ, ν usw. ist schon bei Besprechung der Kammererschen Versuche über Riemen- und Seiltriebe (S. 92) näher eingegangen worden, so daß sich hier weitere Ausführungen hierüber erübrigen.

V. Zahntriebe.

Bei allen Zahntrieben findet Gleiten zugleich mit normal gerichtetem Abwälzen statt.

Da die Kraftverhältnisse bei den verschiedenen Zahntrieben einander sehr ähnlich sind, so genügt es, dieselben nur für den am häufigsten praktisch angewendeten Zahntrieb

„Stirnräder mit Evolventenverzahnung (Aussentrieb)"

zu untersuchen.

Das treibende Zahnrad O_1 vom Teilkreisradius r wird durch das Drehmoment $M_1 = P_1 r$ mit der Geschwindigkeit v im Teilkreise bewegt. Hierdurch wird das Zahnrad O_2 vom Teilkreisradius R, ebenfalls mit der Geschwindigkeit v in seinem Teilkreise, mitgenommen und das an seiner Drehachse angreifende Nutzmoment $M_2 = P_2 R$ überwunden (Abb. 96).

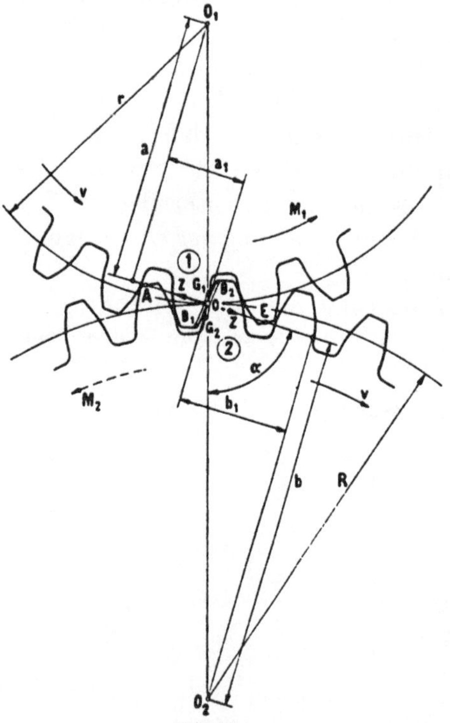

Abb. 96.

Sind ω_1 und ω_2 die Winkelgeschwindigkeiten der beiden Räder, dann muß die Zahnform in bekannter Weise so bestimmt werden, daß in jedem Augenblicke des Eingriffes

$$\frac{\omega_1}{\omega_2} = \frac{n_1}{n_2}$$

ist, wobei n_1 und n_2 die Drehzahlen der beiden Zahnräder bedeuten. Entspricht die Zahnform dieser Bedingung, dann muß für jeden Eingriffspunkt (in Wirklichkeit sind es Eingriffsachsen) die gemeinsame Normale der beiden Zahnflanken durch den Berührungspunkt O der beiden Teilkreise gehen. Der geometrische Ort aller Eingriffspunkte, die Eingriffslinie, ist bei der Evolventenverzahnung eine Gerade durch O, in Abb. 96

die Linie $\overline{AOE}$, die mit der Verbindungslinie der beiden Mittelpunkte O_1 und O_2 den Winkel α einschließt. In A beginnt der Eingriff, in E ist er beendet.

Während des Eingriffes von A bis O (Auflaufseite des Eingriffes) kommt der Fußteil $\widehat{OG_1}$ des Zahnes 1 mit dem Kopf $\widehat{OB_2}$ des Zahnes 2 in Berührung. Da der Kopf $\widehat{OB_2}$ länger ist als der Fußteil $\widehat{OG_1}$, so ist die Geschwindigkeit in Richtung der gemeinsamen Tangente an die Zahlenflanken in jedem Eingriffspunkte für beide Zähne verschieden. Die Richtung der tangentialen Bewegung ist aber für beide Zähne die gleiche.

Mit der Differenz der beiden tangentialen Geschwindigkeiten

$$v_g' = v_2 - v_1$$

gleitet die Kopfflanke $\widehat{OB_2}$ des Zahnes 2 an der Fußflanke $\widehat{OG_1}$ des Zahnes 1 hin (Abb. 97). Daher muß die hervorgerufene Reibungskraft am Zahne 2 ($W_2 = W = \mu Z$) entgegen der Richtung von v_g' und am Zahne 1 ($W_1 = W = \mu Z$) in Richtung von v_g' wirken. Z ist der Zahndruck, der stets in Richtung der Eingriffslinie wirkt.

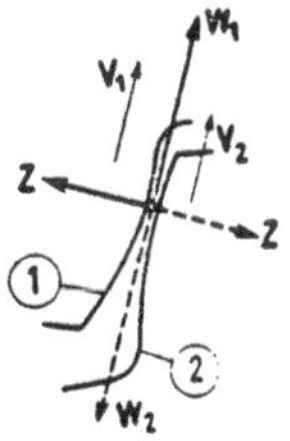

Abb. 97.

Auf der Eingriffsstrecke $\overline{OE}$ (an der Ablaufseite des Eingriffes) kommt der Kopf $\widehat{OB_1}$ des Zahnes 1 mit dem Fußteil $\widehat{OG_2}$ des Zahnes 2 zum Eingriff. Die Geschwindigkeit v_1, mit der sich der Zahn 1 senkrecht zur Eingriffslinie bewegt, ist größer als die entsprechende Geschwindigkeit v_2 des Zahnes 2 (Abb. 98). Mit der Relativgeschwindigkeit

$$v_g'' = v_1 - v_2$$

gleitet die Kopfflanke des Zahnes 1 an der Fußflanke des Zahnes 2 vorbei. Die dem Zahndruck Z entsprechende Reibungskraft μZ wirkt daher am Zahne 1 (W_1) entgegen der Richtung von v_g'', am Zahne 2 (W_2) in Richtung von v_g''.

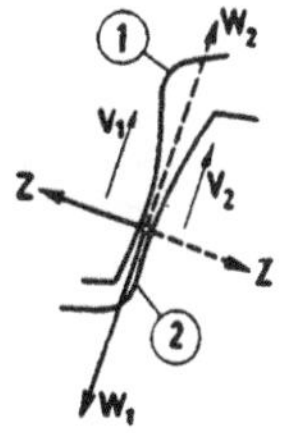

Abb. 98.

Für das Gleiten der Zahnflanken bei solchen Zahnrädern gilt somit allgemein folgendes:

An der Auflaufseite wirken in jedem Eingriffspunkte Reibungskräfte μZ genau so, als wenn die Zähne des Rades O_1 stillständen und an ihnen die Zähne des Rades O_2 mit der Geschwindigkeit v_g' normal zur Eingriffslinie nach dem Drehpunkt O_1 zu hinglitten.

In Abb. 99 sind die Relativgeschwindigkeiten v_g' für die Eingriffstrecke $\overline{AO}$ dargestellt. Im Berührungspunkte O der beiden Teilkreise wird $v_g' = 0$, während es bei Beginn des Eingriffes in A seinen Höchstwert besitzt.

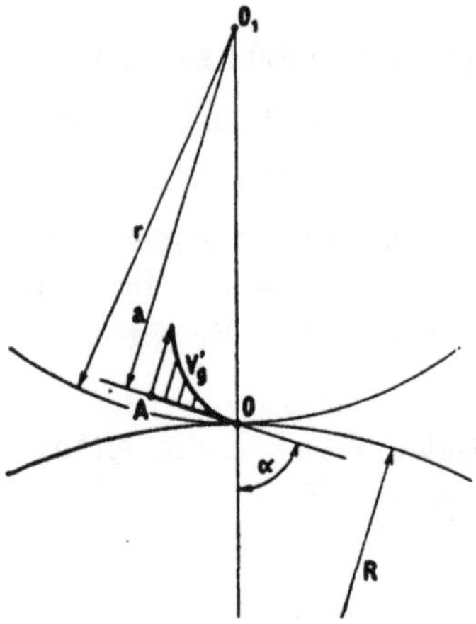

Abb. 99.

An der Ablaufseite verhalten sich die Reibungskräfte so, als wenn die Zähne des Rades O_2 still ständen und die Zähne des Rades O_1 an ihnen mit der Geschwindigkeit v_g'' nach dem Drehpunkte O_1 zu hinglitten. Abb. 100 zeigt die Relativgeschwindigkeiten v_g'', mit denen die Zähne 1 an den Zähnen 2 hingleiten, für die Eingriffstrecke $\overline{OE}$. v_g'' wächst wie v_g' mit der Entfernung von O.

Die graphische Untersuchung der Eingriffsverhältnisse ergibt, daß die Relativgeschwindigkeiten v_g' wesentlich größer sind als v_g''[1]).

Eigenartig ist die den Reibungskräften entsprechende Formänderung der mikroskopisch kleinen Unebenheiten (Oberflächenzähne) der aneinander gleitenden Zahnflanken. In Abb. 101 sind

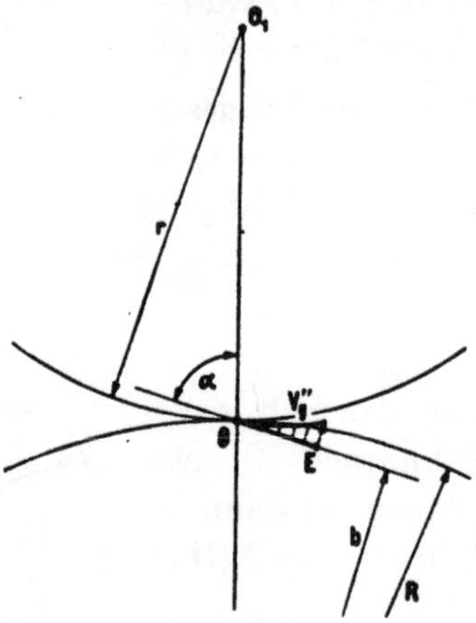

Abb. 100.

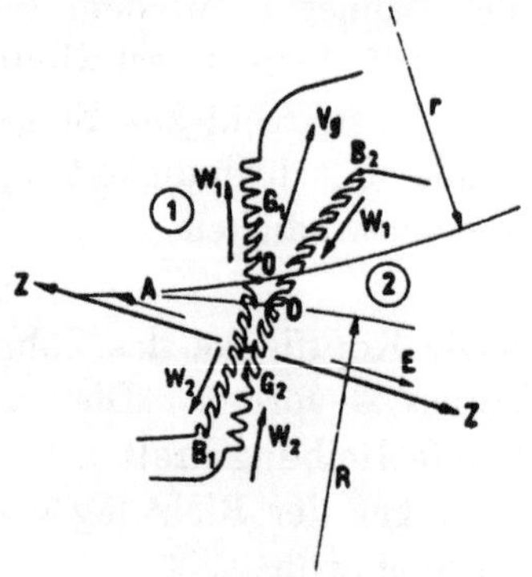

Abb. 101.

die zum Eingriff gelangenden Flanken $\widehat{OG_1}$ und $\widehat{OB_1}$ des Zahnes 1 sowie $\widehat{OB_2}$ und $\widehat{OG_2}$ des Zahnes 2 (vgl. auch Abb. 96) mit solchen kleinen

[1]) Vgl. Lasche: »Elektrischer Antrieb mittels Zahnradübertragung«, Z. d. V. D. I., Jahrg. 1899, S. 1417 ff.

Oberflächenzähnen dargestellt. Dabei ist angenommen, daß die einmal abgebogenen Zähnchen in dem abgebogenen Zustande bleiben. In Wirklichkeit richten sie sich nach dem Vorübergleiten wieder auf.

An der Auflaufseite kommt die Flanke $\widehat{OB_2}$ des Zahnes 2 mit der Flanke $\widehat{OG_1}$ des Zahnes 1 zum Eingriff, wobei die Gleitgeschwindigkeit v_g des Zahnes 2 größer ist als die des Zahnes 1. Der Zahn 2 gibt daher an der Auflaufseite die Art des Abbiegens der kleinen Oberflächenzähne an. Er beginnt den Eingriff mit der Kante B_2 und biegt die Oberflächenzähne des Zahnes 1 in Richtung der Relativgeschwindigkeit v_g ab. Die eigenen Zähnchen der Flanke $\widehat{OB_2}$ werden dabei entgegen der Richtung von v_g zurückgebogen.

An der Ablaufseite ist die Zahnflanke $\widehat{OB_1}$ des Zahnes 1 die maßgebende, da ihre Geschwindigkeit in Richtung von v_g größer ist als die der Flanke $\widehat{OG_2}$ des Zahnes 2.

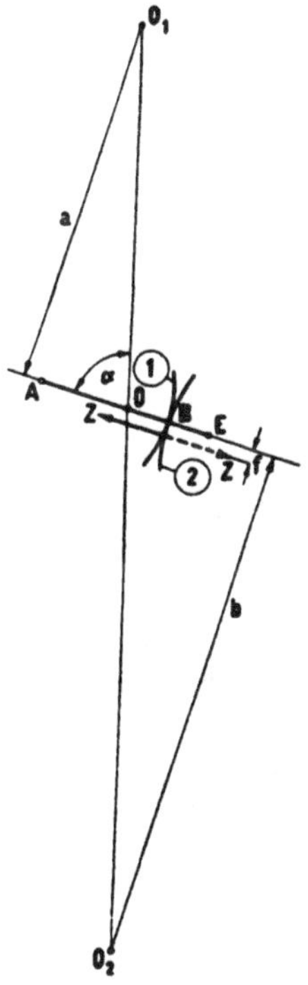

Abb. 102.

Im Augenblicke des Eingriffes in O kehrt sich die Wirkung um. Die nunmehr mit größerer Geschwindigkeit nach oben gleitende Zahnflanke $\widehat{OB_1}$ biegt die Oberflächenzähne der Flanke $\widehat{OG_2}$ in Richtung der Relativgeschwindigkeit v_g ab, während ihre eigenen Zähnchen entgegen v_g zurückgebogen werden.

Die beim Gleiten entstehenden Reibungskräfte (W_1 und W_2) sind in Abb. 101 dargestellt. Während aber das Gleiten an der Auflaufseite beim Höchstwert der Relativgeschwindigkeit v_g beginnt, geschieht dies an der Ablaufseite in O mit der Relativgeschwindigkeit Null. Dies hat zur Folge, daß die Zahnflanke $\widehat{OG_1}$ des Zahnes 1 an der Kante G_1 und die Zahnflanke $\widehat{OB_2}$ des Zahnes 2 an der Kante B_2 besonders stark abgenutzt wird. Da sowohl die Relativgeschwindigkeiten v_g und, wie später gezeigt wird, auch die Zahndrücke Z an der Auflaufseite größer sind als an der Ablaufseite, so werden die an der Auflaufseite eingreifenden Zahnflanken $\widehat{OG_1}$ und $\widehat{OB_2}$ stärker abgenutzt als die an der Ablaufseite aneinander gleitenden Flanken $\widehat{OB_1}$ und $\widehat{OG_2}$.

Während des Eingriffes von A bis E wälzen sich außerdem die entsprechenden Flanken der Zähne 1 und 2 aneinander ab. Es kommen daher in jedem Augenblicke des Eingriffes neben den Reibungskräften noch Formänderungsmomente Zf zur Wirkung, die an jedem Rade entgegen dem treibenden Momente wirken.

Für irgendeinen Punkt B des Eingriffes (Abb. 102) wird nach früheren Ausführungen über normal gerichtetes Wälzen (S. 9 ff.) der Zahndruck Z um den Wälzarm f parallel zu seiner Richtung derartig verschoben, daß sein Momentenarm in bezug auf die Drehachse O_1 des treibenden Rades vergrößert, in bezug auf die Drehachse O_2 des getriebenen Rades verkleinert wird.

Im weiteren wird angenommen, daß sowohl der Reibungskoeffizient μ wie der Wälzarm f während der ganzen Eingriffsdauer konstant bleiben.

Kraftverhältnisse an der Auflaufseite des Eingriffes.

In Abb. 103 sind für einen Eingriffspunkt B im Abstande m von O die wirkenden Kräfte und Momente beim treibenden Rade O_1 in vollen Linien, beim getriebenen O_2 gestrichelt dargestellt. Für das Gleichgewicht der wirkenden Kräfte gelten folgende Beziehungen:

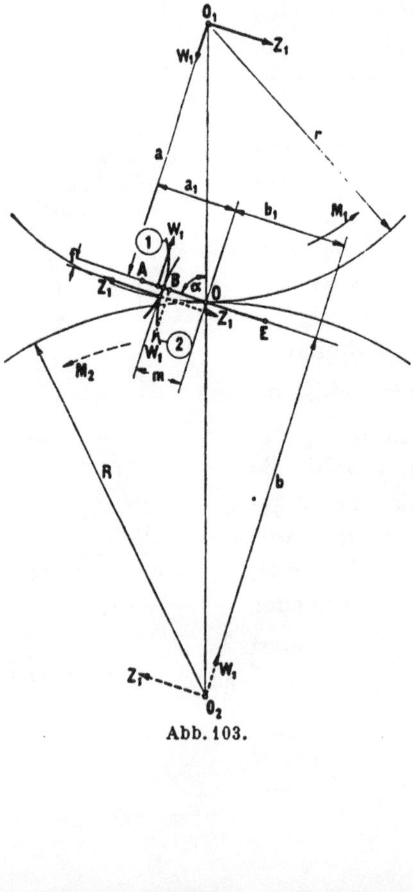

Abb. 103.

a) Beim treibenden Rade.

Momente in bezug auf die Drehachse O_1:

$$M_1 - Z_1(a+f) + W_1(a_1 - m) = 0$$

oder auch

$$P_1 r - Z_1(a+f) + \mu Z_1(a_1 - m) = 0 \quad . \quad (340)$$

Hieraus erhält man die Lagerkräfte an der Drehachse O_1:

$$Z_1 = \frac{P_1 r}{(a+f) - \mu(a_1 - m)} \quad (341)$$

$$W_1 = \mu_1 Z_1 \quad . \quad . \quad (342)$$

wobei die Lagerkraft Z_1 parallel, W_1 senkrecht zur Eingriffslinie wirken muß.

b) Beim getriebenen Rade.

Momente in bezug auf die Drehachse O_2:

$$-Z_1(b-f)+W_1(b_1+m)+M_2=0$$

oder auch

$$-Z_1(b-f)+\mu Z_1(b_1+m)+P_2R=0 \quad \ldots \quad (343)$$

Die Lagerkräfte Z_1 und W_1 an der Drehachse O_2 sind gleich und entgegengerichtet den Lagerkräften an der Drehachse O_1.

Durch Vereinigung der Gl. 340 und 343 oder unmittelbar aus dem Kräfteplan der Abb. 103 ergibt sich für die Auflaufseite des Räderpaares die Momentenbeziehung:

$$P_1r+P_2R-Z_1(a+b)+\mu Z_1(a_1+b_1)=0 \quad . \quad . \quad (344)$$

Wie aus Gl. 341 zu ersehen ist, wächst der Zahndruck Z_1 vom Beginn des Eingriffes in A an bis zum Berührungspunkt O der beiden Teilkreise.

Für $m=0$ (in O) ist:

$$Z_0'=\frac{P_1 r}{a+f-\mu a_1} \quad \ldots \ldots \ldots \quad (345)$$

Aus der beschriebenen Änderung des Zahndruckes Z_1 darf aber nicht gefolgert werden, daß der Wirkungsgrad bei Beginn des Eingriffes am günstigsten sei, weil an der Auflaufseite der Gleitwiderstand W_1 beim getriebenen Rade, im Sinne des Nutzmomentes M_2, an einem größeren Hebelarme wirkt als beim treibenden Rade.

Wirkungsgrad η_1 an der Auflaufseite des Eingriffes.

Wird aus den Gl. 340 und 343 der Zahndruck Z_1 ausgeschieden und

$$a=r\sin\alpha,\quad a_1=r\cos\alpha$$

$$b=R\sin\alpha,\quad b_1=R\cos\alpha$$

gesetzt, dann ist der Wirkungsgrad

$$\eta_1=\frac{P_2}{P_1}=1-\frac{\frac{1}{r}+\frac{1}{R}}{\frac{\sin\alpha-\mu\cos\alpha}{f+\mu m}+\frac{1}{r}} \quad \ldots \quad (346)$$

Kraftverhältnisse an der Ablaufseite des Eingriffes.

Die am treibenden Rade O_1 angreifenden Kräfte und Momente sind in Abb. 104 für den im Abstande m von O befindlichen Eingriffspunkt B in vollen Linien, beim getriebenen Rade O_2 in gestrichelten Linien dargestellt.

Die wirkenden Kräfte und Momente müssen folgenden Gleichgewichtsbedingungen genügen:

a) Beim treibenden Rade.

Momente in bezug auf die Drehachse O_1:

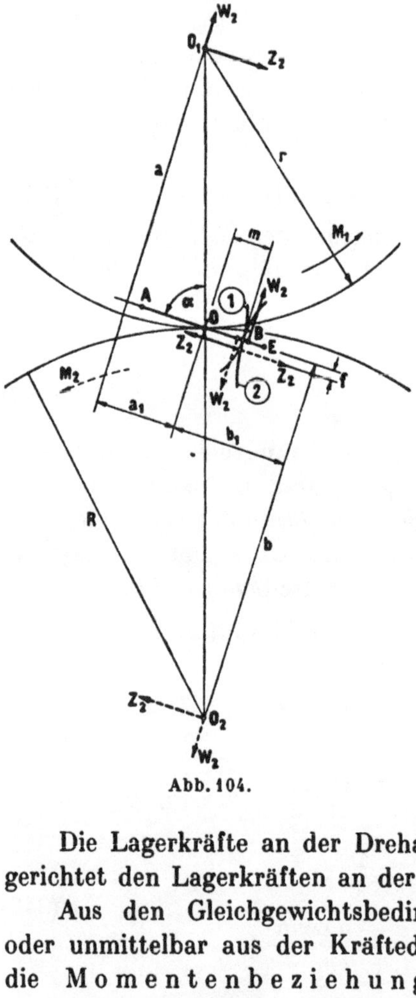

Abb. 104.

$$M_1 - Z_2(a+f) - W_2(a_1+m) = 0$$

oder auch

$$P_1 r - Z_2(a+f) - \mu Z_2(a_1+m) = 0\ . \quad (347)$$

Hieraus ergeben sich die Lagerkräfte an der Drehachse O_1

$$Z_2 = \frac{P_1 r}{(a+f)+\mu(a_1+m)} \quad (348)$$

$$W_2 = \mu Z_2, \ . \ . \ . \quad (349)$$

wobei Z_2 parallel und W_2 senkrecht zur Eingriffslinie gerichtet ist.

b) Beim getriebenen Rade.

Momente in bezug auf die Drehachse O_2:

$$M_2 - Z_2(b-f) - W_2(b_1-m) = 0$$

oder auch

$$P_2 R - Z_2(b-f) - \mu Z_2(b_1-m) = 0\ . \quad (350)$$

Die Lagerkräfte an der Drehachse O_2 sind gleich aber entgegengerichtet den Lagerkräften an der Drehachse O_1.

Aus den Gleichgewichtsbedingungen für die einzelnen Räder oder unmittelbar aus der Kräftedarstellung in Abb. 104 erhält man die Momentenbeziehung für das Räderpaar:

$$P_1 r + P_2 R - Z_2(a+b) - \mu Z_2(a_1+b_1) = 0\ . \ . \ . \quad (351)$$

Nach Gl. 348 nimmt der Zahndruck Z_2 mit wachsendem Abstand m ab. Er ist aber stets kleiner als der dem gleichen Abstande m von O entsprechende Zahndruck Z_1 an der Auflaufseite des Eingriffes.

Für $m = 0$ ergibt sich aus Gl. 348

$$Z_0'' = \frac{P_1 r}{a + f + \mu a_1} \qquad \ldots \ldots \ldots \quad (352)$$

Dieser Wert von Z_0'' ist von dem Werte Z_0' nach Gl. 345 verschieden. Der Unterschied rührt von dem Gliede μa_1 im Nenner her. Wie aber früher gezeigt wurde, ist für den Eingriff in O die Relativgeschwindigkeit $v_g = 0$. Es ist daher in diesem Momente kein Gleiten vorhanden, somit sind keine Reibungskräfte wirksam.

Die Kräfteverhältnisse und der Wirkungsgrad für den Berührungspunkt O der beiden Teilkreise lassen sich daher nicht ohne weiteres als Grenzwerte aus den Gleichgewichtsbeziehungen der Auflauf- und Ablaufseite entwickeln, sondern sie sollen, wie dies später geschehen wird, besonders abgeleitet werden.

An der Ablaufseite wirken die Reibungskräfte in entgegengesetzter Richtung wie an der Auflaufseite. Daher ändern auch die den Reibungskräften entsprechenden Lagerkräfte in O_1 und O_2 ihre Richtung.

Wirkungsgrad η_2 an der Ablaufseite des Eingriffes.

Durch Ausscheiden des Zahndruckes Z_2 aus den Gl. 347 und 350 und Einsetzen der Beziehungen

$$a = r \sin \alpha, \quad a_1 = r \cos \alpha$$
$$b = R \sin \alpha, \quad b_1 = R \cos \alpha$$

erhält man:

$$\eta_2 = \frac{P_2}{P_1} = 1 - \frac{\frac{1}{r} + \frac{1}{R}}{\frac{\sin \alpha + \mu \cos \alpha}{f + \mu m} + \frac{1}{r}} \quad \ldots \ldots \quad (353)$$

Kraftverhältnisse im Berührungspunkte O der Teilkreise.

In Abb. 105 sind die wirkenden Kräfte und Momente für das treibende Rad O_1 in ausgezogenen Linien, für das getriebene Rad O_2 gestrichelt dargestellt.

Für das Gleichgewicht gelten folgende Beziehungen:

a) Beim treibenden Rade.

Momente in bezug auf die Drehachse O_1:

$$M_1 - Z_0 (a + f) = 0$$

oder auch

$$P_1 r - Z_0 (a + f) = 0 \quad \ldots \ldots \ldots \quad (354)$$

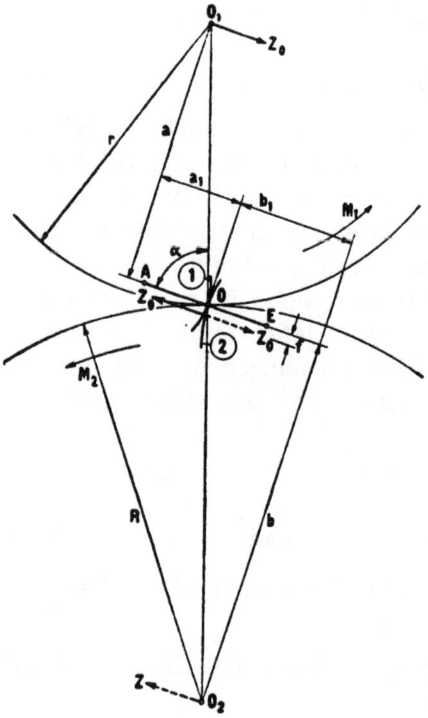

Abb. 105.

Als Lagerkraft kommt in O_1 nur eine dem Zahndrucke Z_0 gleiche aber entgegengerichtete Kraft

$$Z_0 = \frac{P_1 r}{a + f} \quad . \quad . \quad (355)$$

in Betracht.

b) Beim getriebenen Rade.

Momente in bezug auf die Drehachse O_2:

$$M_2 - Z_0 (b - f) = 0$$

oder auch

$$P_2 R - Z_0 (b - f) = 0 \quad . \quad (356)$$

Die in O_2 wirkende Lagerkraft Z_0 ist gleich aber entgegengerichtet der Lagerkraft in O_1.

Durch Vereinigung der Gl. 354 und 356 oder unmittelbar aus der Abb. 105 ergibt sich als Momentenbeziehung für das Räderpaar:

$$P_1 r + P_2 R - Z_0 (a + b) = 0 \quad . \quad . \quad . \quad . \quad . \quad . \quad (357)$$

Der durch Gl. 355 gegebene Wert von Z_0 ist aber nicht der größte Wert, den der Zahndruck während des Eingriffes von A bis E erreicht.

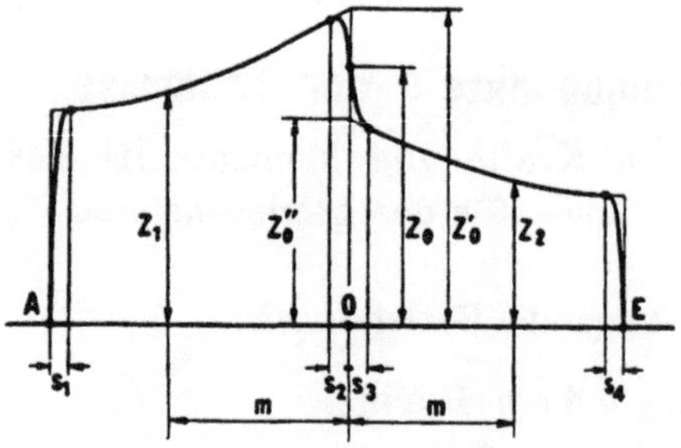

Abb. 106.

Trägt man die durch die Gl. 341, 348 und 355 gegebenen Werte für den Zahndruck, den fortlaufenden Eingriffspunkten von A bis E entsprechend, in einem Koordinatensystem auf, dann ergibt sich etwa der in Abb. 106 dargestellte Verlauf. Danach müßte der Zahndruck in A und E endliche Werte besitzen und in O von einem Werte Z_0' nach Gl. 345, auf einen Wert Z_0'' nach Gl. 352 plötzlich abfallen. Der Zahndruck Z_0 in O ist ungefähr der Mittelwert aus Z_0' und Z_0''.

Die Zahndrücke können sich aber in Wirklichkeit nicht sprunghaft ändern. Mit den Änderungen des Zahndruckes sind stets Formänderungen verbunden, die zu ihrer Ausbildung eine gewisse Zeit erfordern. Der wirkliche Verlauf der Zahndrücke wird daher allmähliche Übergänge aufweisen, wie dies in Abb. 106 dargestellt ist. Auf den Wegen s_1, s_2, s_3 und s_4 gehen die Formänderungen vor sich.

Besonders wichtig ist der Beginn des Eingriffes in A, da an dieser Stelle die Gleitgeschwindigkeit ihren Höchstwert besitzt. Je geringer die Elastizität und Nachgiebigkeit des Zahnmateriales ist, desto kleiner ist der Formänderungsweg s_1 und um so stärker der Stoß und die Abnutzung der Zähne bei Beginn des Eingriffes. Insbesondere bei hohen Drehgeschwindigkeiten arbeitet der Zahntrieb infolgedessen geräuschvoll. Man pflegt daher bei sehr rasch laufenden Trieben die Zähne eines der Räder (in der Regel die des treibenden Rades) aus nachgiebigem Material (Rohhaut, Ebonit oder Holz) auszuführen. Dadurch wird aber, wie später gezeigt werden wird, der Wirkungsgrad des Triebes verschlechtert. In manchen Fällen wird ruhiges Arbeiten auch schon erreicht, wenn das eine Rad aus Rotguß oder Bronze, das zweite Rad aus Stahl hergestellt wird.

Wirkungsgrad η_0 für den Eingriff in O.

Durch Ausscheiden von Z_0 aus den Gl. 354 und 356 und Einsetzen der Beziehungen

$$a = r \sin \alpha, \quad b = R \sin \alpha$$

erhält man:

$$\eta_0 = \frac{P_2}{P_1} = 1 - \frac{\frac{1}{r} + \frac{1}{R}}{\frac{\sin \alpha}{f} + \frac{1}{r}} \quad \ldots \ldots \quad (358)$$

Schlussfolgerungen.

(Abhängigkeit des Wirkungsgrades.)

Der Wirkungsgrad des Zahntriebes ändert sich während des Eingriffes von A bis E ständig. Drei Wirkungsgrade können als besonders bemerkenswert hervorgehoben werden:

1). An der Auflaufseite des Eingriffes:

Nach Gl. 346

$$\eta_1 = 1 - \frac{\frac{1}{r} + \frac{1}{R}}{\frac{\sin\alpha - \mu\cos\alpha}{f + \mu m} + \frac{1}{r}}.$$

2). An der Berührungsstelle O der beiden Teilkreise:

Nach Gl. 358

$$\eta_0 = 1 - \frac{\frac{1}{r} + \frac{1}{R}}{\frac{\sin\alpha}{f} + \frac{1}{r}}.$$

3). An der Ablaufseite des Eingriffes:

Nach Gl. 353

$$\eta_2 = 1 - \frac{\frac{1}{r} + \frac{1}{R}}{\frac{\sin\alpha + \mu\cos\alpha}{f + \mu m} + \frac{1}{r}}.$$

Übereinstimmend gilt für diese Wirkungsgrade und somit auch für den mittleren Wirkungsgrad η des Zahntriebes folgendes:

1). Der Wirkungsgrad wächst mit der Größe der Teilkreise, insbesondere mit der Größe des Teilkreises R des getriebenen Rades. Übersetzung ins Langsame ist somit günstiger als ins Schnelle.

2). Der Wirkungsgrad ist um so günstiger, je kleiner der Wälzarm f ist. Da es sich hier um normal gerichtetes Abwälzen handelt, so hängt die Größe des Wälzarmes vor allem von der durch den Zahndruck Z hervorgerufenen Formänderung ab. Diese besteht in einer Zusammendrückung des Materiales der Flanke und in der Verbiegung des ganzen Zahnes (Abb. 107).

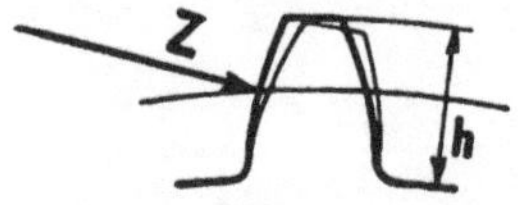

Abb. 107.

Je elastischer und fester das Material der Zähne ist, um so kleiner ist der Wälzarm und um so besser der Wirkungsgrad.

Daher empfiehlt sich die *Verwendung hochwertiger, harter Materialien (Spezialstähle)* und die *Ausführung kurzer kräftiger Zähne.*

Im Zusammenhange damit ist es vorteilhaft, *möglichst viele Zähne gleichzeitig zum Eingriff* zu bringen, und zwar aus mehreren Gründen: Das wirkende Drehmoment wird auf mehrere Zähne verteilt; der Zahndruck jedes im Eingriff stehenden Zahnpaares ist daher nur der entsprechende Teil des ganzen Zahndruckes. Da die einzelnen Zähne an verschiedenen Stellen der Eingriffslinie gleichzeitig im Eingriffe stehen, so wird eine wesentlich *gleichmäßigere Kraftübertragung* erzielt, als wenn stets nur ein Zahnpaar arbeitet. Dann wird auch der *Beginn des Eingriffes* wesentlich sanfter erfolgen, da nur ein Teil des gesamten Zahndruckes wirkt, und demzufolge die Übertragung *wesentlich ruhiger* vor sich geht.

Die *Abnutzung der Zahnflanken* wird erheblich geringer sein, weil nicht nur die Zahndrücke, sondern auch die Gleitgeschwindigkeiten jedes im Eingriffe stehenden Zahnpaares kleiner sind. Die Abnutzung, die ein Zahn an irgendeiner Stelle erfährt, ist nicht nur von dem dort wirkenden Zahndrucke, sondern auch von der Gleitgeschwindigkeit v_g und dem Reibungskoeffizienten μ abhängig. Maßgebend ist das Produkt $\mu p v_g$, worin p die spezifische Auflagepressung für die Flächeneinheit der jeweiligen Berührungsfläche F ist.

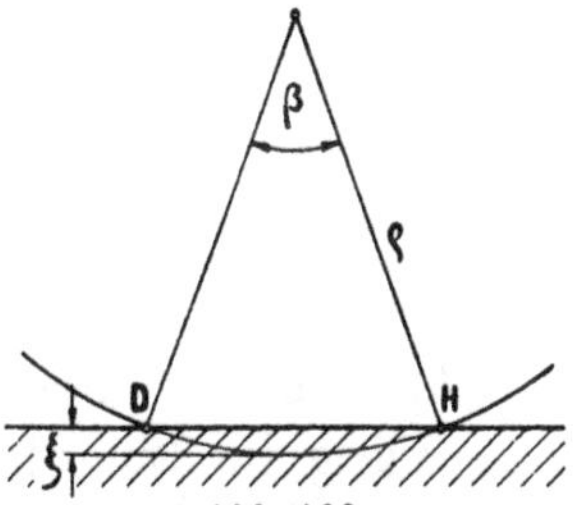

Abb. 108.

Die Größe der Berührungsfläche F ist von der Eindrückung ξ an der Berührungsstelle abhängig (Abb. 108).

Ist ϱ der Krümmungsradius des Zahnprofiles, dann werden die Grenzkanten D und H der momentanen Berührungsfläche F einen um so größeren Winkelabstand β besitzen, je größer der Zahndruck, je kleiner die Zahnbreite b, und je weicher das Zahnmaterial ist.

Nach Abb. 108 ist:

$$F = \varrho \beta b \quad \ldots \ldots \ldots \ldots (359)$$

und daher

$$p = \frac{Z}{F} = \frac{Z}{\varrho \beta b} \quad \ldots \ldots \ldots (360)$$

Die Abnutzung der Zähne wird daher um so geringer sein, je kleiner die Gleitgeschwindigkeit v_g, der Reibungskoeffizient μ und der Zahndruck Z, je größer der Krümmungsradius ϱ und die Zahnbreite b, und je fester und härter das Zahnmaterial an den Flanken ist.

Die Abnutzung ist bei Beginn des Eingriffes in A am größten. Hierfür ist weniger der Zahndruck als vielmehr die Gleitgeschwindigkeit maßgebend, die dort ihren Höchstwert erreicht (vgl. Abb. 99). Wie aus Abb. 106 hervorgeht, ist der Zahndruck unmittelbar vor dem Eingriffe in O am größten. Trotzdem ist aber dort die Abnutzung wesentlich geringer als in A, weil die Gleitgeschwindigkeit fast Null ist.

Die Abnutzung ist bei den an der Auflaufseite der Eingriffslinie arbeitenden Zahnflanken sowohl wegen der größeren Zahndrücke wie der höheren Gleitgeschwindigkeiten v_g stärker als bei den an der Ablaufseite eingreifenden Flanken. Lasche schlägt daher vor, die Eingriffslänge $\overline{AO}$ an der Auflaufseite durch besondere Bemessung der Zähne möglichst zu kürzen, dagegen die Eingriffstrecke $\overline{OE}$ an der Ablaufseite entsprechend zu verlängern[1]). Die Herstellung derartiger Zähne erfordert aber besondere Einrichtungen. Es ist deshalb vorteilhafter, die zum Teil schon angedeuteten Mittel anzuwenden, nämlich:

Ausführung kurzer, kräftiger Zähne, von denen möglichst viele gleichzeitig im Eingriffe stehen sollen, Anordnung von zwei Zahnreihen in der Radbreite, die um eine halbe Teilung gegeneinander versetzt sind (Wüst-Verzahnung)[2]), Verwendung hochwertiger Materialien sowie gehärteter und geschliffener Zahnflanken und Arbeiten der Zähne in einem Ölbade zur Verkleinerung der Reibungsarbeit.

Da die Gleitgeschwindigkeit v_g und der Wälzarm f mit der Drehgeschwindigkeit v des Triebes zunimmt, so wird mit wachsender Geschwindigkeit v die Abnutzung größer und der Wirkungsgrad der Übertragung schlechter. Rasch laufende Zahntriebe müssen daher besonders sorgfältig ausgebildet werden.

---

[1]) Vgl. Lasche: »Elektrischer Antrieb mittels Zahnradübertragung«, Z. d. V. D. I. Jahrg. 1899, S. 1488 ff.

[2]) Vgl. Bach: „Maschinen-Elemente", 10. Auflage 1. Band, S. 330.

Zu beachten ist, daß nicht nur die Zähne, sondern auch die ganzen Räder kräftig und steif hergestellt und sorgfältig gelagert werden müssen, damit schädliche Formänderungen möglichst vermieden werden. Hierin wird viel gesündigt, und findet man noch öfter stark beanspruchte Zahnräder einseitig fliegend gelagert, mit unzulässig hoher Durchbiegung der Welle. Der geräuschvolle Lauf manches Zahntriebes kann auf mangelhafte Lagerung der Räder zurückgeführt werden.

3.) Je größer der Winkel α ist, den die Eingriffslinie $\overline{AOE}$ mit der Verbindungslinie $\overline{O_1 O_2}$ der beiden Radmittelpunkte einschließt, um so günstiger ist der Wirkungsgrad.

Wie aus den Gl. 346, 353 und 356 hervorgeht, ist vornehmlich der $\sin\alpha$ maßgebend ($\mu\cos\alpha$ ist gegenüber $\sin\alpha$ vernachlässigbar klein). Für den Grenzwert von $\alpha = 90^0$ wird die Eingriffstrecke $\overline{AE} = 0$. Je größer aber die Zähnezahl ist und je kleiner die Zähne ausgeführt werden können, desto größer kann der Winkel α angenommen werden.

Die unter (2) genannten Maßnahmen zur Erzielung eines hohen Wirkungsgrades sind daher besonders günstig, weil sie gleichzeitig die Ausführung großer Winkel α gestatten. Bei praktischen Ausführungen wird α selten kleiner als 75^0 gewählt.

4). Der Wirkungsgrad des Zahntriebes ist um so besser, je kleiner der Reibungskoeffizient μ ist. Daher ist, wie schon hervorgehoben wurde, die Ausführung gehärteter und geschliffener Zahnflanken sowie guter Schmierung besonders wichtig. Rohhaut- oder Holzzähne ergeben stets schlechteren Wirkungsgrad als z. B. Stahlzähne.

Der Wirkungsgrad ist an der Auflaufseite des Eingriffes etwas schlechter wie an der Ablaufseite.

5). Der Wirkungsgrad nimmt mit der Entfernung m von der Berührungsstelle O der beiden Teilkreise ab.

Die Kurve des Wirkungsgrades in Funktion des Abstandes m ist daher ungefähr die gleiche wie die der Zahndrücke (Abb. 106), nur daß die Werte an der Ablaufseite größer sind wie an der Auflaufseite des Eingriffes.

Um die Kräfteverhältnisse bei Zahntrieben sicher vorausbestimmen zu können, muß der Wälzarm f und der Reibungskoeffizient μ bekannt sein. Zu deren Ermittlung müßten Versuche ausgeführt werden, bei denen z. B. die in das treibende Rad eingeführte Leistung, sowie die Lagerkräfte Z und μZ an der Drehachse des getriebenen Rades zu messen sind. Wird dabei stets nur eine der den Wirkungsgrad beeinflussenden Größen geändert, dann kann bestimmt werden, in welcher Art der Wirkungsgrad von jeder dieser Größen abhängig ist.